los inventos

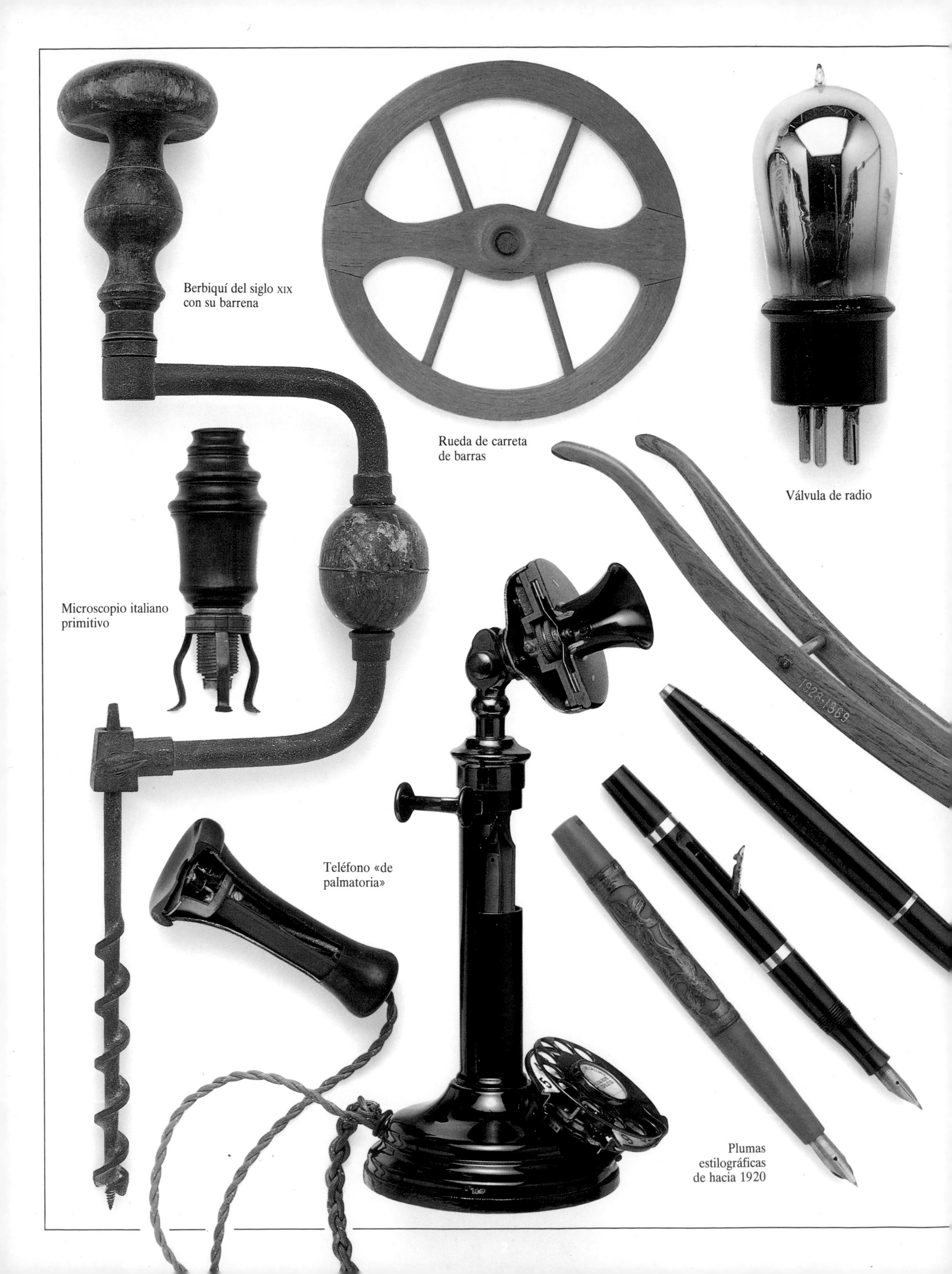

Berbiquí del siglo XIX con su barrena

Rueda de carreta de barras

Válvula de radio

Microscopio italiano primitivo

Teléfono «de palmatoria»

Plumas estilográficas de hacia 1920

Objetivos de daguerrotipo

Pesas egipcias antiguas

los inventos

por
Lionel Bender

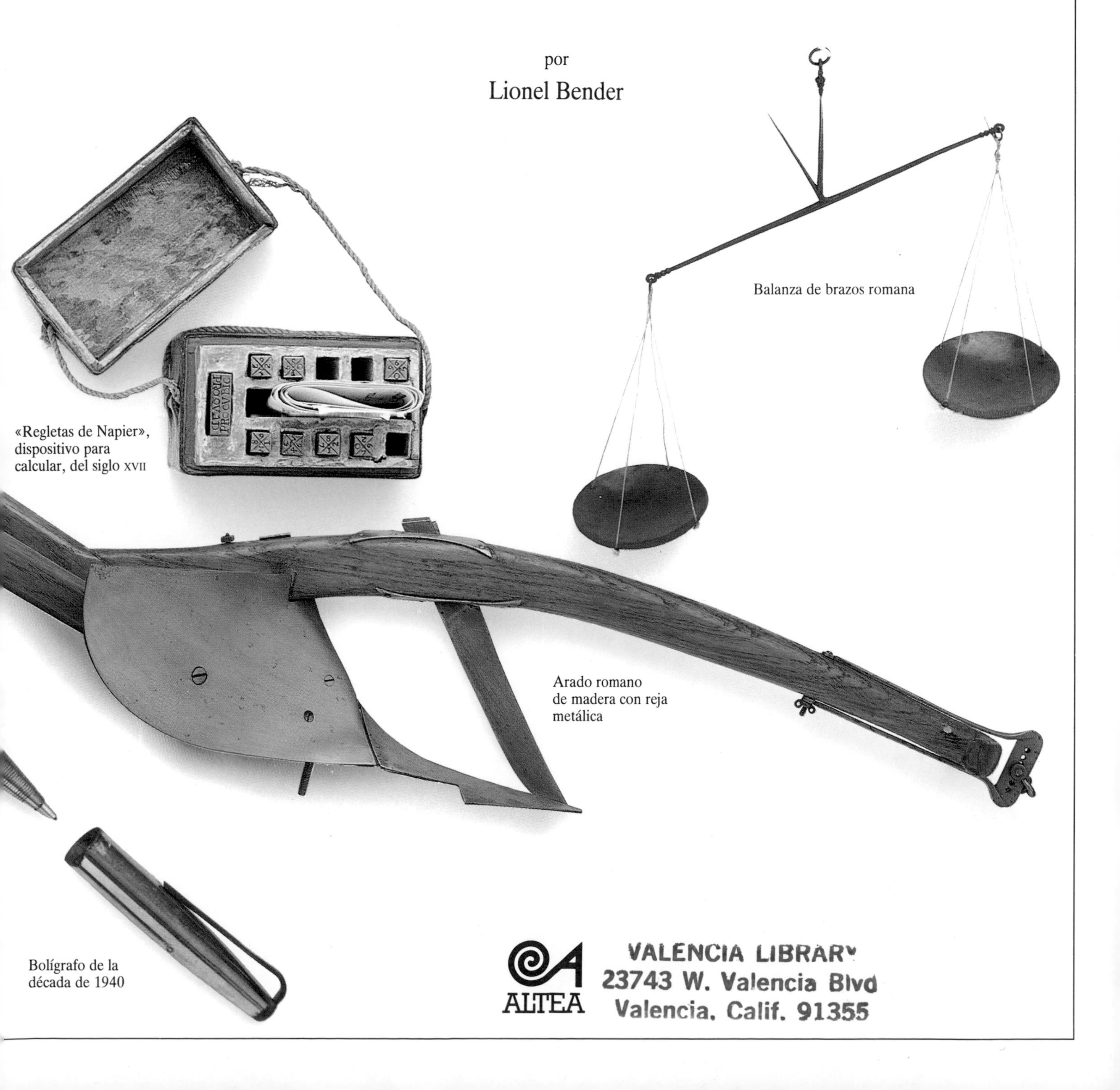
Balanza de brazos romana

«Regletas de Napier», dispositivo para calcular, del siglo XVII

Arado romano de madera con reja metálica

Bolígrafo de la década de 1940

ALTEA

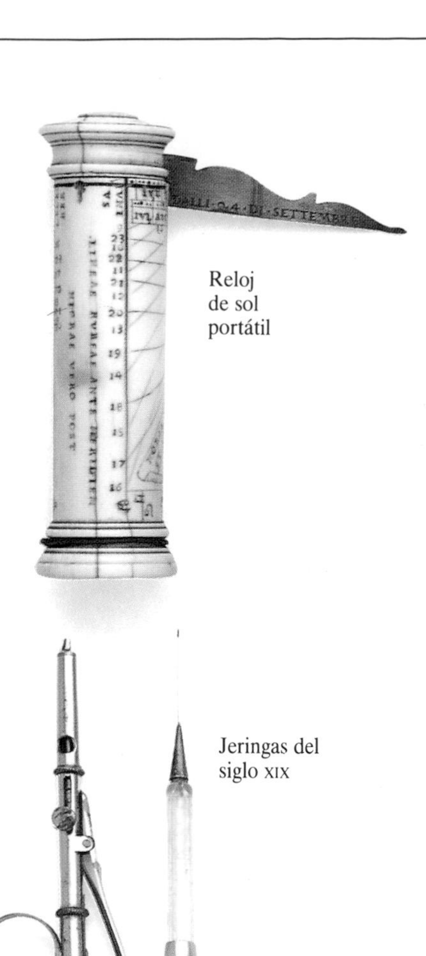
Reloj de sol portátil

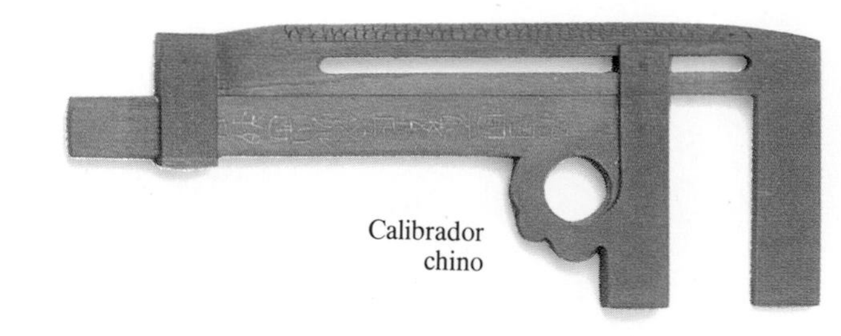
Calibrador chino

A DORLING KINDERSLEY BOOK

1.ª reimpresión: abril 1992

Consejo editorial:

Londres:
Peter Kindersley, Phil Wilkinson, Mathewson Bull, Helen Parker, Jacquie Gulliver, Julia Harris, Louise Barratt, Kathy Lockley, Dave King, Peter Lafferty.

París:
Pierre Marchand, Jean-Olivier Héron, Christine Baker, Anne de Bouchony, Catherine de Sairigné-Bon.

Madrid:
Miguel Azaola, María Puncel.

Traducido por María Barberán.

Título original: Eyewitness Encyclopedia. Volume 27: Invention.

Publicado originalmente en 1991 en Gran Bretaña por Dorling Kindersley Limited, 9 Henrietta St., London WC2E 8PS,

y en Francia por Éditions Gallimard, 5 rue Sébastien Bottin, 75007 Paris.

Elfo, 32. 28027 Madrid.
ISBN: 84-372-3760-2.

Pesas de oro de la cultura ashanti

Jeringas del siglo XIX

Hacha de piedra australiana con mango de madera

Auricular telefónico primitivo

Printed in Singapore by Toppan Printing Co. (S) Pte Ltd.

Tarja medieval

Sumario

Brújula inglesa del siglo XVIII

Brújula de marear china

¿Qué es un invento?

UN INVENTO es algún objeto, herramienta o dispositivo ideado por el ingenio humano para facilitar el trabajo o la vida cotidiana, y que no existía anteriormente; a diferencia del descubrimiento, que existía, pero no era conocido. Los inventos surgen rara vez de forma inesperada. Suelen ser el resultado de conjuntar otras tecnologías vigentes de una nueva y única manera. Pueden llevarse a cabo como respuesta a una necesidad específica humana, o como resultado del deseo del inventor de hacer una operación de modo más rápido, más eficaz o más llevadero; o bien por casualidad. Un invento puede ser el resultado de una labor individual, pero asimismo de una labor de equipo. En ocasiones, los inventos se dan de manera casi simultánea en varias partes del mundo.

Mango corto

Clavillo (eje)

Hoja larga

Las tijeras se inventaron hace más de 3.000 años, pero más o menos a la vez en diferentes sitios. Los primeros tipos parecían unas cizallas unidas en un extremo por un muelle en U que volvía a separar las hojas. El tipo actual emplea el principio del eje y la palanca, añadiendo así comodidad y eficacia.

Las manceras permiten a quien maneja el arado regular la profundidad y dirección del corte de la reja.

Frasco y botella de vidrio

Cuentas de vidrio

Nadie sabe cuándo se descubrió el proceso de fabricación del vidrio (fundiendo juntas sosa y arena), si bien los egipcios ya hacían cuentas de vidrio hacia el año 4000 a. de C. En el siglo I a. de C., los sirios idearon probablemente el soplado de vidrio, produciendo objetos de formas muy diferentes.

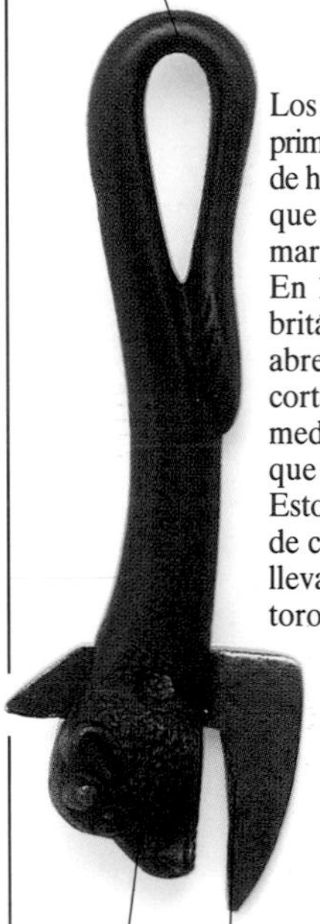

Mango

Los primeros botes de hojalata tenían que abrirse con un martillo y un cincel. En 1855, un inventor británico, Yates, ideó este abrelatas de garra. La hoja cortaba la chapa por el canto mediante un balanceo de palanca que se le imprimía con el mango. Estos abrelatas se regalaban con las latas de carne de vacuno en conserva, y por ello llevaban en el tope la forma de cabeza de toro, y en el mango, la del rabo.

Cabeza de toro

Hoja

Tapa

1928/1369

YELLOW CRAWFORD PEACHES

La técnica de encerrar los alimentos en recipientes herméticos para que se conserven fue inventada por el francés Nicolas Appert en 1810, y perfeccionada por Louis Pasteur al descubrir que al someterlas a elevadas temperaturas se destruían las perniciosas bacterias (pasteurización). Appert empleó tarros de vidrio cerrados con corcho y hermetizados con cera o lacre, pero dos ingleses, Donkin y Hall, fundaron la primera fábrica de alimentos enlatados e introdujeron el uso de botes de hojalata.

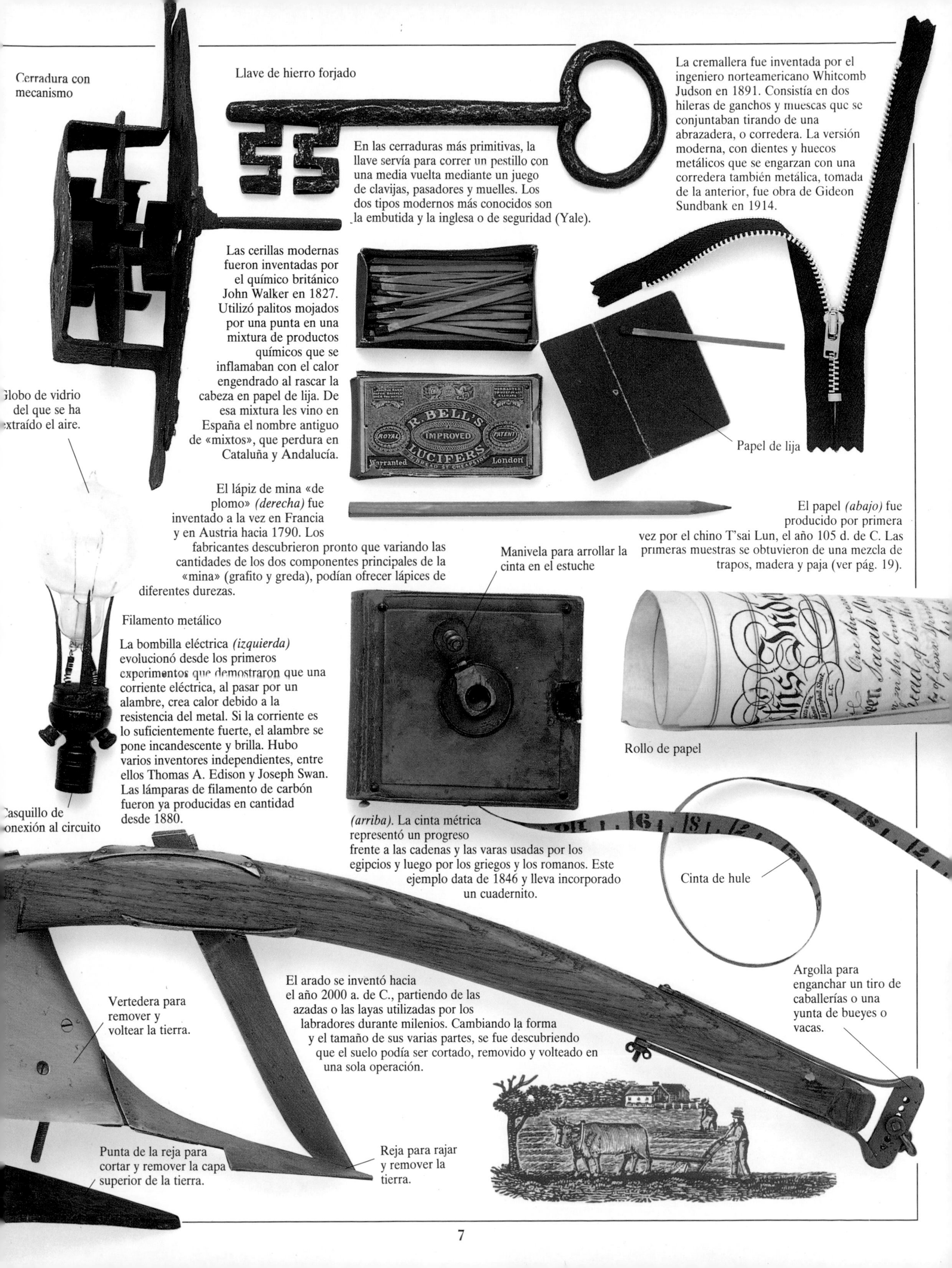

Cerradura con mecanismo

Llave de hierro forjado

En las cerraduras más primitivas, la llave servía para correr un pestillo con una media vuelta mediante un juego de clavijas, pasadores y muelles. Los dos tipos modernos más conocidos son la embutida y la inglesa o de seguridad (Yale).

La cremallera fue inventada por el ingeniero norteamericano Whitcomb Judson en 1891. Consistía en dos hileras de ganchos y muescas que se conjuntaban tirando de una abrazadera, o corredera. La versión moderna, con dientes y huecos metálicos que se engarzan con una corredera también metálica, tomada de la anterior, fue obra de Gideon Sundbank en 1914.

Las cerillas modernas fueron inventadas por el químico británico John Walker en 1827. Utilizó palitos mojados por una punta en una mixtura de productos químicos que se inflamaban con el calor engendrado al rascar la cabeza en papel de lija. De esa mixtura les vino en España el nombre antiguo de «mixtos», que perdura en Cataluña y Andalucía.

Globo de vidrio del que se ha extraído el aire.

Papel de lija

El lápiz de mina «de plomo» *(derecha)* fue inventado a la vez en Francia y en Austria hacia 1790. Los fabricantes descubrieron pronto que variando las cantidades de los dos componentes principales de la «mina» (grafito y greda), podían ofrecer lápices de diferentes durezas.

El papel *(abajo)* fue producido por primera vez por el chino T'sai Lun, el año 105 d. de C. Las primeras muestras se obtuvieron de una mezcla de trapos, madera y paja (ver pág. 19).

Manivela para arrollar la cinta en el estuche

Filamento metálico

La bombilla eléctrica *(izquierda)* evolucionó desde los primeros experimentos que demostraron que una corriente eléctrica, al pasar por un alambre, crea calor debido a la resistencia del metal. Si la corriente es lo suficientemente fuerte, el alambre se pone incandescente y brilla. Hubo varios inventores independientes, entre ellos Thomas A. Edison y Joseph Swan. Las lámparas de filamento de carbón fueron ya producidas en cantidad desde 1880.

Rollo de papel

Casquillo de conexión al circuito

(arriba). La cinta métrica representó un progreso frente a las cadenas y las varas usadas por los egipcios y luego por los griegos y los romanos. Este ejemplo data de 1846 y lleva incorporado un cuadernito.

Cinta de hule

Argolla para enganchar un tiro de caballerías o una yunta de bueyes o vacas.

El arado se inventó hacia el año 2000 a. de C., partiendo de las azadas o las layas utilizadas por los labradores durante milenios. Cambiando la forma y el tamaño de sus varias partes, se fue descubriendo que el suelo podía ser cortado, removido y volteado en una sola operación.

Vertedera para remover y voltear la tierra.

Punta de la reja para cortar y remover la capa superior de la tierra.

Reja para rajar y remover la tierra.

La trayectoria de un invento

A LA CREACIÓN DE UN INVENTO suelen contribuir muchas personas, y los inventos pueden tardar mucho en llegar a su forma definitiva. A veces tarda incluso siglos en asimilar los efectos de los progresos y las nuevas tecnologías. Al rastrear el desarrollo de las herramientas o dispositivos para hacer agujeros, se echa de ver que el invento del berbiquí que nos es familiar ha evolucionado perfeccionando los sencillos punzones y los taladros de arco. Entre las herramientas más antiguas para hacer agujeros están las utilizadas por los antiguos egipcios. Alrededor del 230 a. de C., el sabio griego Arquímedes estudió la utilización de palancas y aparejos para transmitir y multiplicar fuerzas. Pero hasta la Edad Media no se diseñó el berbiquí para desarrollar mayor potencia; y el taladro de mano, que utiliza engranajes, es de invención mucho más reciente.

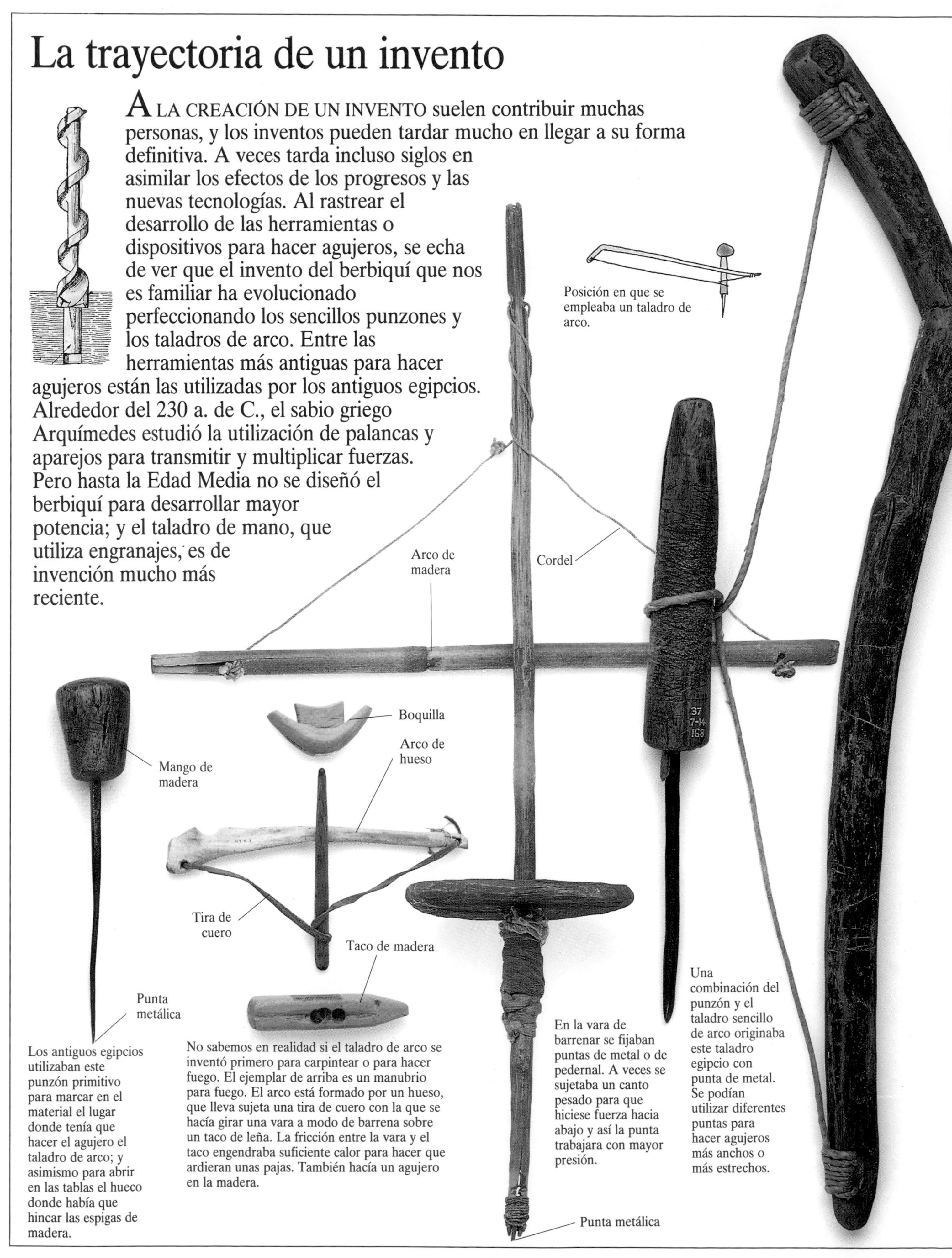

Posición en que se empleaba un taladro de arco.

Los antiguos egipcios utilizaban este punzón primitivo para marcar en el material el lugar donde tenía que hacer el agujero el taladro de arco; y asimismo para abrir en las tablas el hueco donde había que hincar las espigas de madera.

No sabemos en realidad si el taladro de arco se inventó primero para carpintear o para hacer fuego. El ejemplar de arriba es un manubrio para fuego. El arco está formado por un hueso, que lleva sujeta una tira de cuero con la que se hacía girar una vara a modo de barrena sobre un taco de leña. La fricción entre la vara y el taco engendraba suficiente calor para hacer que ardieran unas pajas. También hacía un agujero en la madera.

En la vara de barrenar se fijaban puntas de metal o de pedernal. A veces se sujetaba un canto pesado para que hiciese fuerza hacia abajo y así la punta trabajara con mayor presión.

Una combinación del punzón y el taladro sencillo de arco originaba este taladro egipcio con punta de metal. Se podían utilizar diferentes puntas para hacer agujeros más anchos o más estrechos.

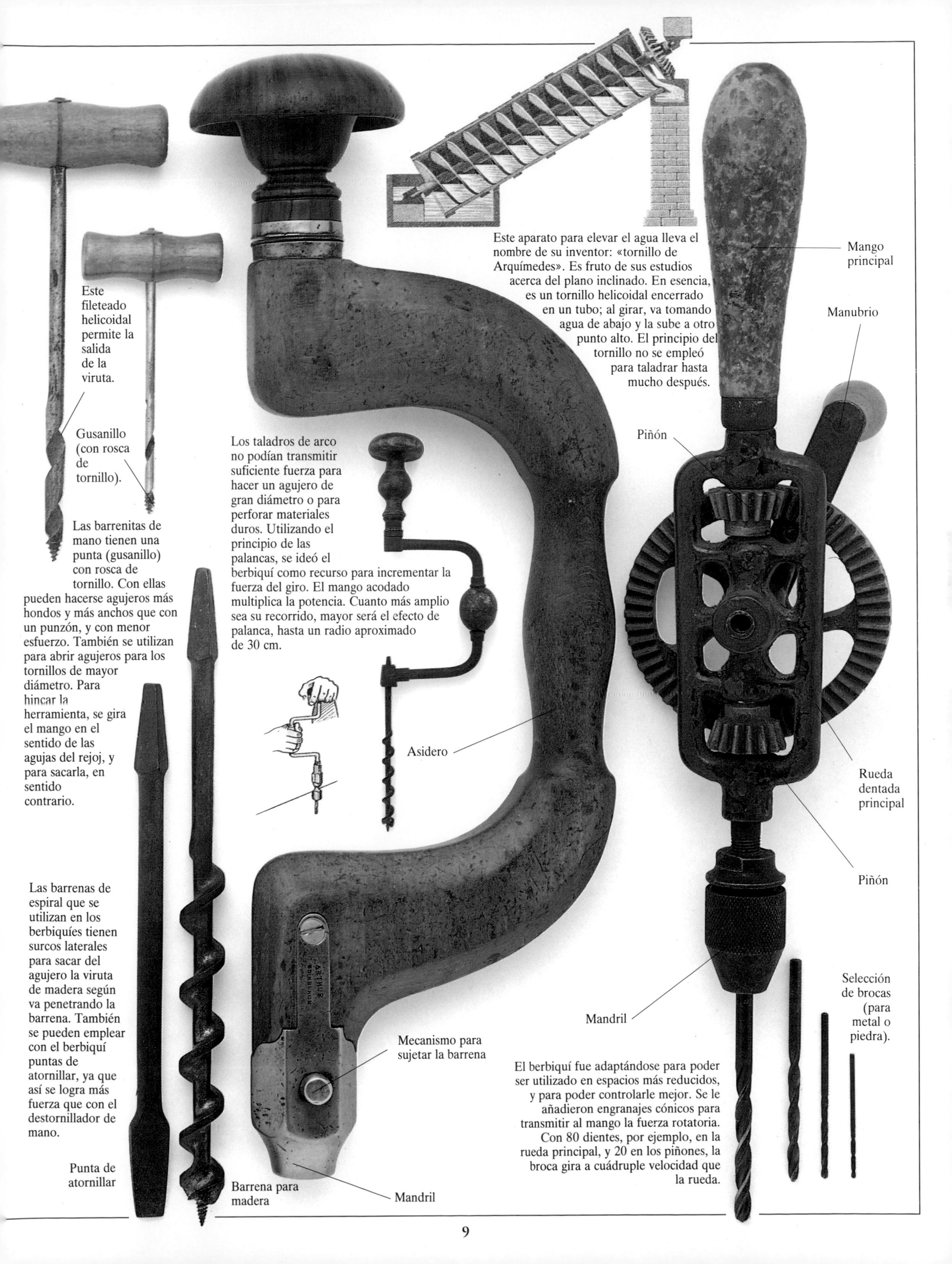

Este aparato para elevar el agua lleva el nombre de su inventor: «tornillo de Arquímedes». Es fruto de sus estudios acerca del plano inclinado. En esencia, es un tornillo helicoidal encerrado en un tubo; al girar, va tomando agua de abajo y la sube a otro punto alto. El principio del tornillo no se empleó para taladrar hasta mucho después.

Las barrenitas de mano tienen una punta (gusanillo) con rosca de tornillo. Con ellas pueden hacerse agujeros más hondos y más anchos que con un punzón, y con menor esfuerzo. También se utilizan para abrir agujeros para los tornillos de mayor diámetro. Para hincar la herramienta, se gira el mango en el sentido de las agujas del rejoj, y para sacarla, en sentido contrario.

Los taladros de arco no podían transmitir suficiente fuerza para hacer un agujero de gran diámetro o para perforar materiales duros. Utilizando el principio de las palancas, se ideó el berbiquí como recurso para incrementar la fuerza del giro. El mango acodado multiplica la potencia. Cuanto más amplio sea su recorrido, mayor será el efecto de palanca, hasta un radio aproximado de 30 cm.

Las barrenas de espiral que se utilizan en los berbiquíes tienen surcos laterales para sacar del agujero la viruta de madera según va penetrando la barrena. También se pueden emplear con el berbiquí puntas de atornillar, ya que así se logra más fuerza que con el destornillador de mano.

El berbiquí fue adaptándose para poder ser utilizado en espacios más reducidos, y para poder controlarle mejor. Se le añadieron engranajes cónicos para transmitir al mango la fuerza rotatoria. Con 80 dientes, por ejemplo, en la rueda principal, y 20 en los piñones, la broca gira a cuádruple velocidad que la rueda.

Las herramientas

HACE MÁS DE TRES MILLONES Y MEDIO DE AÑOS, nuestros distantes antepasados evolucionaron a un estadio superior, y comenzaron a vivir en las praderas abiertas. Al tener las manos más libres para nuevos usos, pudieron recoger los esqueletos abandonados de animales y recolectar alimentos vegetales. Gradualmente, los pueblos primitivos desarrollaron el empleo de herramientas. Utilizaron guijarros para cortar la carne y cascar los huesos mondos para sorber el tuétano. Luego fueron quitando a golpes a las piedras lascas de los bordes, para sacarles filo y que cortasen mejor. Hace unos 400.000 años, al sílex o pedernal se le daba forma de hachas o puntas de flechas, y los huesos se usaban de mazas y martillos. Hace unos 250.000 años, la humanidad descubrió la obtención del fuego. Al poder ya asar los alimentos, nuestros recientes antepasados crearon gran variedad de herramientas para cazar animales salvajes. Cuando empezaron a cultivar plantas, necesitaron otra serie diferente de utensilios.

La azuela fue una especialización del hacha, y apareció en el octavo milenio a. de C. Su pala se dispuso casi en ángulo recto respecto del mango o astil. Esta herramienta del norte de Papua puede utilizarse tanto de hacha (según vemos) como de azuela, cambiando de posición la hoja, o pala.

Pala de piedra

Astil de madera hendida

Esta hacha australiana representa el primer estadio del hacha de mano. Se fijaba con un pegamento la piedra entre dos franjas de madera flexible, y se ataban fuertemente las dos partes. Esa hacha seguramente se usaba para matar animales salvajes.

Esta hacha de mano de pedernal, encontrada en Kent (Inglaterra) se confeccionó probablemente con un martillo de piedra *(arriba)*, para desbastarla, y luego se la afinó con otro de hueso. Debe de tener una antigüedad de unos 20.000 años. Data del período conocido como «de la piedra antigua», o Paleolítico, en el cual el sílex era el material más usado para hacer herramientas.

Cuando no se disponía de pedernal, se echaba mano para hacer herramientas de piedras más blandas, como es el caso de esta pala de hacha de piedra basta. No todas las piedras se dejan afilar como el pedernal.

Para confeccionar esta pala de hacha, probablemente se restregó un fragmento informe de piedra con otras rocas duras y con guijarros, hasta que la superficie quedó suave y pulida.

La utilización del bronce para herramientas y armas comenzó en Asia hace unos 8.000 años; en Europa, la Edad de Bronce transcurrió entre los años 2000 y 500 a. de C.

Los antiguos egipcios, que crearon la civilización probablemente más próspera de las primitivas, utilizaron al comienzo herramientas de piedra. Luego confeccionaron útiles y armas de marfil, de cuarzo, de cobre, de bronce y, hacia el año 1000 a. de C., de hierro. También idearon reglas y escuadras de madera.

Para perforar bloques de piedra de construcción, como vemos en el testimonio de la derecha, algunos pueblos primitivos emplearon puntas de broca de pedernal. Probablemente las sujetaban al extremo de una vara bifurcada que los obreros hacían girar a gran velocidad entre sus dos manos.

Este taladro reciente de Nueva Guinea *(izquierda)* se empleaba para hacer agujeros en la madera. El arco, sujeto a la vara y arrollado a ella, hace que la vara gire según se tira hacia abajo de la caña.

En la Edad de Piedra, a las herramientas de piedra, como este cincel o gubia primitiva danesa *(abajo, izquierda)*, se las daba forma y se las pulía mediante otros materiales pétreos. En el antiguo Egipto, ese puntero de bronce *(centro)* y ese cincel de hierro *(derecha)* servían para labrar piedras no muy duras.

Esta azuela de las islas Fiji tiene un mango con forma de ángulo hacia atrás muy adecuada para cavar. La pala es más bien gruesa, por lo que este útil quizá servía para labores pesadas, como vaciar troncos de árbol para hacer barcas.

Esta azuela puede usarse para cortar madera levantándola hasta la altura de la cabeza y luego bajándola enérgicamente en arco contra la pieza a trocear.

Los antiguos egipcios afilaban sus herramientas de bronce, así como probablemente sus espadas y dagas, raspando los filos contra un bloque de piedra arenisca fina.

El tallado de la madera como oficio comenzó en Egipto hacia el año 3000 a. de C. Los carpinteros egipcios hacían delicados objetos para ser sepultados en las tumbas de los faraones. Este vaciado en escayola *(derecha)* de una hoja de cuchillo de pedernal con una serie de dientes es probablemente uno de los ejemplos de sierra más primitivos.

La rueda

LA RUEDA es, probablemente, el invento mecánico más importante de todos los tiempos. Hay ruedas en muchísimas máquinas, en los relojes, en los molinos de viento y en las máquinas de vapor, así como en los vehículos, como el automóvil o la bicicleta. La rueda apareció por primera vez en Mesopotamia, parte del Irak moderno, hace unos cinco mil años. La usaron los alfareros para ayudarse en su labor con la arcilla y, poco más o menos al mismo tiempo, se pusieron ruedas en las carretas, transformando el transporte y haciendo posible el desplazar materiales pesados y objetos voluminosos con facilidad. Esas ruedas primitivas eran macizas, ensamblando segmentos de tablones. Las ruedas con radios aparecieron con posterioridad, hacia el 2000 a. de C. Eran más ligeras, y fueron usadas para los carros. Los cojinetes, que permitieron que las ruedas girasen con mayor facilidad, hicieron su aparición alrededor del año 100 a. de C.

Hacia el año 300 a. de C., los griegos y los egipcios inventaron el torno de alfarero, que lleva abajo una rueda maciza impulsada por el pie, y arriba una mesa en la que se trabaja, y giran alrededor de un eje vertical a velocidad constante.

Rueda tripartita

Escudo protector para el conductor

Eje fijo de madera

Clavija para sujetar la rueda en su sitio.

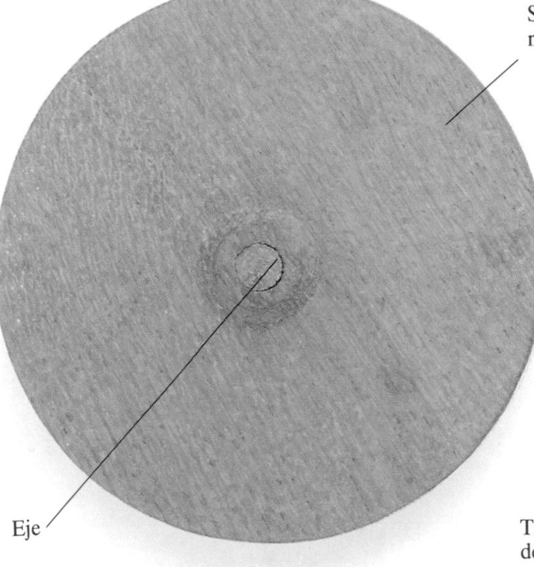

Antes de la rueda, probablemente se utilizaron rodillos, confeccionados con troncos de árbol rectos, para transportar objetos como las grandes piedras de construcción, o sillares, hasta su debido sitio. Los troncos de árbol hacían el mismo oficio que las ruedas, pero se necesitaban grandes esfuerzos para colocar los rodillos en su lugar y mantener equilibrada la carga.

Superficie de madera maciza

Eje

Las ruedas primitivas eran a veces discos de madera maciza cortados de troncos de árbol. Sólo eran frecuentes en los parajes en los que abundaban los árboles. En Dinamarca se han encontrado ruedas de carro de madera maciza.

Eje

Travesaños de madera

Las ruedas de tres segmentos (o «tripartitas») se hacían con fragmentos de tablones conjuntados con travesaños de madera o metal. Son una de las formas más primitivas de ruedas, y todavía se utilizan en algunas naciones. Son muy adecuadas para malos caminos.

Eje

En algunos lugares donde escaseaba la madera, se empleaba la piedra para hacer ruedas. Era un material muy pesado, pero mu duradero. La rueda de piedra tuv su origen en China y en Turquía.

La rueda hizo posible la carreta, que apareció en Mesopotamia hacia el año 2000 a. de C.

Hacia el año 100 a. de C., los celtas de Francia y Alemania construyeron carros con cojinetes sencillos en los ejes. Consistían en unos manguitos de cuero colocados entre el eje y el cubo de la rueda. Reducían la fricción, con lo que la rueda giraba con mayor facilidad.

El caballo iba enganchado mediante correas al travesaño, que a su vez iba sujeto al timón mediante correas de cuero.

Las ruedas como la de la izquierda, con llantas metálicas para aminorar el desgaste, se hacían ya alrededor del año 2000 a. de C. Se utilizaron durante toda la Edad Media.

El eje fijo era rígido. Iba sujeto al bastidor del vehículo. La rueda giraba alrededor del eje.

El eje móvil iba sujeto sólidamente a la rueda, y giraba con ella.

Hacia el año 100 a. de C., los carreteros daneses pudieron haber comenzado a introducir barritas de madera a modo de cojinetes entre el eje y el cubo, en un intento de que la rueda girase con mayor suavidad.

Carro primitivo del Oriente Medio.

Las ruedas podían hacerse más ligeras vaciándoles parte de la madera. Las de este tipo, llamadas «ruedas Dystrop», datan de los siglos en torno al año 2000 a. de C.

Si se vaciaban porciones mucho mayores de una rueda, había que reforzar los vanos con estacas o barras cruzadas. De ahí a la rueda de radios ya no mediaba más que un paso.

La metalurgia

EL ORO Y LA PLATA se dan en la tierra en su estado puro (oro y plata nativos). Desde los tiempos más remotos, los hombres encontraron pequeños bloques de esos metales y los utilizaron de simple adorno. Pero el primer metal útil y apto para ser labrado fue el cobre, que tiene que ser separado de la roca que lo contiene, o ganga, sometiéndole a elevadas temperaturas. El paso siguiente fue el descubrimiento del bronce, que es una mezcla, o aleación, de dos metales: cobre con estaño. Es mucho más fuerte y tarda muchísimo más en oxidarse o deteriorarse. El proceso de derretir el metal al fuego y verterlo en moldes, llamado fundición, es más cómodo para fabricar objetos. Como el bronce no sólo era fácil de trabajar, sino que resultaba más duro y resistente, todo pasó a hacerse de esa aleación, desde las armas hasta las joyas. El hierro comenzó a usarse hacia el año 1500 a. de C. El mineral de hierro se sometía al fuego de carbón de leña avivado por fuelles, con lo que se producía una forma impura de metal. El hierro era abundante, pero difícil de fundir; al comienzo, se le trabajó más forjándolo a mazazos que fundiéndolo.

Clavos romanos de hierro, de hacia el año 88 d. de C.

En la fase final, una vez enfriado el metal vertido en el molde, se abría éste y se sacaba el objeto. El bronce macizo es mucho más duro que el cobre, y puede ser martillado para darle un filo cortante. Debido a ello, el bronce fue el primer metal de gran difusión.

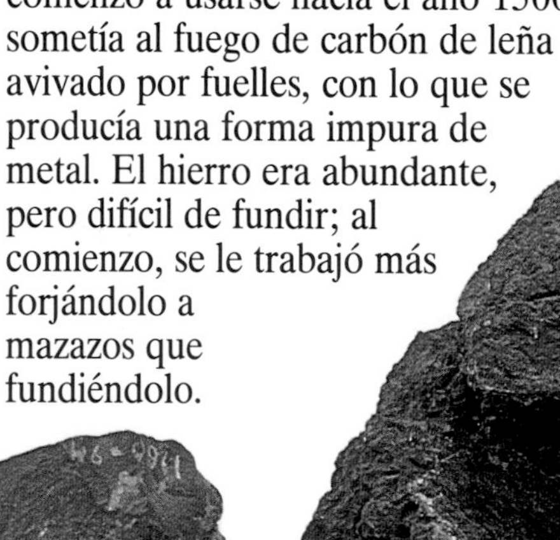

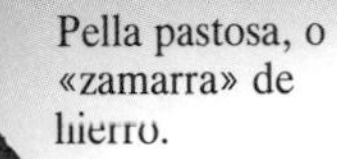

Pella pastosa, o «zamarra» de hierro.

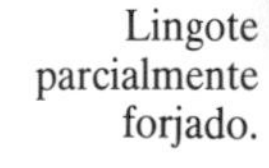

Mineral de hierro

Lingote parcialmente forjado.

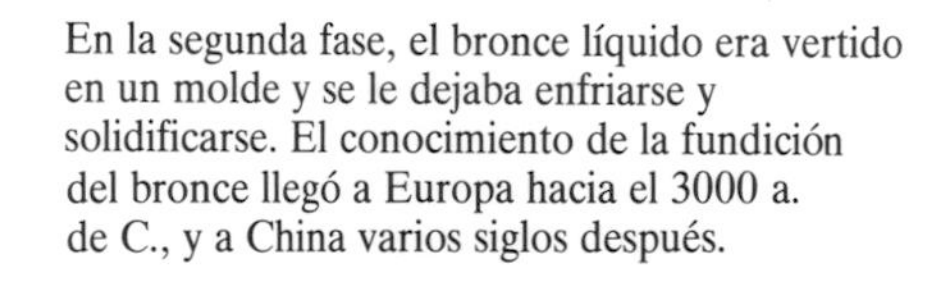

Los hornos primitivos no generaban suficiente temperatura para fundir el hierro, por lo que el metal se obtenía en forma de pellas pastosas, las «zamarras». Las zamarras se calentaban al rojo vivo y, a mazazos, se las despojaba de la escoria y se les daba forma: era la forja.

La primera fase de la producción primitiva del bronce era calentar minerales de cobre y de estaño en grandes crisoles o en un horno sencillo. El bronce es más fácil de fundir y de separar que el cobre solo.

En la segunda fase, el bronce líquido era vertido en un molde y se le dejaba enfriarse y solidificarse. El conocimiento de la fundición del bronce llegó a Europa hacia el 3000 a. de C., y a China varios siglos después.

En el siglo I de nuestra era se hacían espadas retorciendo juntas, y martillándolas, varias tiras o varillas de hierro. Es lo que se llamaba soldadura a martillo en caliente.

Con el bronce podían hacerse objetos menudos y delicados, como agujas y alfileres. También se utilizaba para grandes objetos, como campanas y estatuas.

Estos clavos romanos de hierro fueron descubiertos en yacimientos romanos de Londres y de Escocia.

El hierro forjado era una forma primitiva de hierro fundido en un horno sencillo, del cual salía una masa pastosa que se depuraba al darle forma a martillazos. Hasta la introducción de los hornos de fundición, hacia el siglo XIV de nuestra era, no era posible obtener hierro colado.

La *sólea* romana, o «sandalia» para caballos, era una forma primitiva de la herradura. Era de hierro batido, y se sujetaba por encima del casco del animal.

Anilla para sujetar la correa.

Parte lisa para poner debajo del casco del caballo

La obtención del hierro en hornos sencillos se practicaba todavía hacia 1930 en algunas partes de África. Estos objetos confeccionados en el Sudán se fundieron en un horno de arcilla, y se les dio forma mediante la forja.

Tipo de laya, al parecer, de hierro forjado.

El hierro solía usarse para hacer armas, que a veces eran de primoroso dibujo. Esta lanza llevaba un astil de madera.

Punta barbada

Las pulseras de bronce llevaban con frecuencia hermosos dibujos. Los alfileres ornamentales para el pelo tenían a veces cabezas huecas muy adornadas.

Pulsera

Alfiler para el pelo

Durante siglos, el hierro se utilizó para hacer martillos *(derecha)*. Éste procede del Sudán, y data de hacia 1930.

Varillas de hierro retorcidas como un cable, para conseguir más solidez.

Punta hecha de piezas de hierro unidas a martillazos.

La soldadura a martillo permitía dar forma, y producía una hoja fuerte que podía ser afilada, obteniendo un filo duro y cortante. Las varillas de hierro retorcidas producían una forma ornamental a todo lo largo de la pieza.

Espada terminada

Las espadas de bronce *(arriba)* solían tener empuñaduras adornadas y guardamanos para los dedos. Los puños eran, por lo general, muy cortos y esas espadas no podrían ser empuñadas con comodidad por manos tan grandes como las nuestras.

Pesas y medidas

LOS PRIMEROS SISTEMAS de pesas y medidas aparecieron en el antiguo Egipto y en Babilonia. Se establecieron por la necesidad de pesar cosechas, de medir tierras o parcelas de labranza y de regular las transacciones comerciales. Hacia el año 3500 a. de C., los egipcios inventaron las balanzas; poseían pesas normalizadas y por lo menos una medida de longitud llamada codo, que equivalía a unos 52 cm. El *Código de Hammurabi,* documento en el que se recogen las leyes del rey de Babilonia desde 1792 a 1750 a. de C., habla de pesas normalizadas y de diferentes unidades de peso y de longitud. En tiempos de los griegos y los romanos, las balanzas y reglas eran de uso cotidiano. Los sistemas actuales de pesas y medidas, el imperial en los países de lengua inglesa (pie, libra) y el métrico (metro, gramo) se establecieron por los años 1300 y 1790, respectivamente.

Primitivas pesas de piedra egipcias.

Pesas egipcias de metal.

Los egipcios antiguos utilizaron piedras como pesas normalizadas; pero hacia el 2000 a. de C., cuando se desarrolló la metalurgia, se emplearon pesas de bronce o de hierro fundidos.

Gancho para colgar el objeto que ha de ser pesado.

Esta balanza egipcia antigua se utiliza aquí en una ceremonia denominada «El peso del corazón», ceremonia que supuestamente tenía lugar tras la muerte de una persona.

Los ashanti, pueblo africano de una región de la moderna Ghana donde hay minas de oro, fueron predominantes en nuestro siglo XVIII. Confeccionaron pesas normalizadas en forma de adornos de oro.

Pez

Espada

Cocodrilo

Fiel

Platillo

Esta balanza romana colgante de cruz para pesar moneda consiste en un brazo de bronce que oscila en el centro. Los objetos que había que pesar se colocaban en uno de los platillos que cuelgan de un extremo del brazo, y la cruz se equilibraba colocando pesas de valor conocido en el otro platillo. En el centro de la cruz, una aguja, el fiel, indicaba cuándo se habían equilibrado los dos platillos.

Hueco para contener pesas más pequeñas.

En las balanzas sencillas, se usaban pesas normalizadas. Se iban poniendo o quitando pesas mayores o menores hasta que la balanza quedaba equilibrada en sus dos partes. Éstas son pesas francesas de bronce del siglo XVII, que encajan una en otra, formando una torrecilla.

Escala en pulgadas y en centímetros

La romana tiene brazos desiguales, y por el más largo, graduado con muescas, corre la pesa que indica el equilibrio reflejado en un fiel, indicando así el peso del objeto. La ventaja que tiene para mercaderes ambulantes es que no tienen que acarrear las series de pesas ni necesitan una superficie para posar la balanza.

La primera medida oficial de longitud fue la yarda, establecida por el rey Eduardo I de Inglaterra en 1305. Tenía la forma de una barra de hierro dividida en 3 pies de 12 pulgadas cada uno. La que se muestra es una vara de sastre del siglo XIX, usada para medir piezas de tela. También lleva escala en centímetros.

La romana la inventaron los romanos hacia el año 200 a. de C. A diferencia de las balanzas sencillas, tenía un brazo más largo que el otro. Del gancho del brazo corto se colgaba, por ejemplo, un saco de grano, y se corría una única pesa por el brazo largo, hasta que se equilibraba la barra. Este ejemplar data del siglo XVII.

Los calibres de corredera, llamados «pie de rey», y utilizados para comprobar ciertas medidas en los materiales de construcción de piedra, metal o madera, fueron inventados hace por lo menos dos mil años. Las medidas se leen en una escala en la regla fija, como se ve en esta réplica de un calibre chino *(arriba, derecha).*

Las cintas métricas se utilizan en los casos en que las reglas son demasiado rígidas. El uso más familiar de la cinta es el de tomar las medidas de una persona para confeccionarle una prenda de vestir; pero se usan cintas mucho más largas, por ejemplo, en la construcción.

Esta regla británica *(arriba, derecha)* para medir el pie que calzan las personas arranca en la medida 1, de 4,33 pulgadas, y crece por tramos de un tercio de pulgada.

Los líquidos, para poder ser medidos, han de encerrarse en un recipiente cuyo contenido se conoce, como esta jarra de cobre usada por un destilador. La marca del volumen está fijada en la parte más estrecha del cuello, con lo cual la medida correcta puede verse sin dificultad.

Una de las cosas más importantes acerca de las pesas y medidas es que tienen que estar normalizadas, de modo que cada unidad sea siempre idéntica. Estas personas están comprobando pesas y medidas para líquidos, para cerciorarse de que son correctas.

Esta medida india para grano se usaba para despachar cantidades fijas de mercancías en grano. Los tenderos preferían medir el grano a tener que andar pesando cantidades diferentes en cada caso.

La pluma y la tinta

LOS REGISTROS ESCRITOS se hicieron necesarios por vez primera debido al desarrollo de la agricultura en la Media Luna Fértil del Oriente Medio hace unos siete mil años. Los babilonios y los antiguos egipcios inscribieron en piedras, huesos y tablillas de arcilla símbolos y pequeños dibujos. Emplearon esos registros para establecer la propiedad de las tierras y los derechos de riego, para tener constancia de las cosechas y para fijar por escrito los impuestos y la contabilidad. Los primeros utensilios que usaron fueron de sílex, y luego afilaron palitos o cortaron cañas en punta. Hacia el año 1300 a. de C., los chinos y los egipcios elaboraron intas hechas de negro de humo, obtenido del hollín que soltaban los aceites de los candiles y otras lámparas, mezclado con agua y gomas vegetales. También elaboraron tintas de diferentes colores con pigmentos minerales, como el almagre. Las tintas a base de aceite se prepararon y perfeccionaron en la Edad Media al inventarse la imprenta (ver págs. 26-27); pero las tintas de escribir y los lapiceros de mina de grafito son muy modernos. Otros adelantos más recientes, como la estilográfica y el bolígrafo, se inventaron con el fin de llevar tinta al papel sin tener que mojar una y otra vez la pluma.

El cañón, la parte hueca de la base de una pluma de ave, fue lo primero que, hacia el año 500 a. de C., se utilizó como instrumento para escribir. Las plumas de ganso, cisne o pavo, secas y limpias, se popularizaron pronto porqu el grueso tubo almacenaba tinta, y la pluma era fácil manejar. Al cañón se le daba un corte al bies co una navajilla y luego se hendía un poco la punta para hacer qu la tinta fluyese suavemente.

Los primeros escritos de los que tenemos testimonio están contenidos en tablillas de arcilla mesopotámicas. Los escribas utilizaban un estilo, palito o caña tallado en cuña, para marcar los trazos en la arcilla mientras estaba blanda. La arcilla, cocida, permitía la conservación permanente de lo escrito. Esa escritura se llama cuneiforme, o sea, con rasgos en forma de cuña.

En el primer milenio antes de C., los egipcios escribían con cañas y juncos a los que sacaban punta. Empleaban las plumas de caña para aplicar tinta en los papiros.

Caracteres chinos

Los escribas egipcios y asirios escribían en papiro. Era un material que se sacaba de la médula de los tallos de una planta llamada papiro. La médula se disponía en capas y con mazas se la aplastaba hasta formar una hoja. Este escriba asirio *(izquierda)* está consignando una batalla. El papiro *(derecha)* procede del antiguo Egipto.

Los antiguos chinos escribieron sus caracteres con tinta usando pinceles de pelo de camello o de rata. Los manojillos de pelos se pegaban con goma y se fijaban a la punta de un palito. Para labor más fina en seda, utilizaban pincelitos hechos de unos pocos pelos pegados en la punta de una caña hueca. Todos los caracteres chinos, 10.090 o más, se basan en ocho brochazos básicos.

Depósito de tinta de bolígrafo primitivo.

Punta de fibra

Los rotuladores de punta blanda se inventaron en la década de 1960. Un bastoncillo de materia absorbente hace de depósito de tinta. La punta de fibra, que se empapa en el depósito, contiene unos canalillos a través de los cuales la tinta fluye en cuanto la punta toca el papel.

Palanca para llenar el depósito

Bolita móvil

El bolígrafo ya fue ideado por el norteamericano John H. Loud en la década de 1880. La versión moderna fue inventada por Josef y Georg Biro en la década de 1940. En el extremo de una cabeza de latón conectada a un tubito de plástico lleno de tinta hay una bolita metálica. La tinta fluye desde el tubito por una estrecha ranura hacia la bolita, que pasa la tinta al papel.

Las plumas estilográficas fueron inventadas en Europa hacia 1800. Un tubito de goma, inserto dentro de un cilindro de metal o resina sintética, contenía la tinta, que era una solución de tinte natural de plantas como el añil. Si el tinte no estaba bien molido, la plumilla se podía atascar. En 1884, Edson Waterman creó una estilográfica muy perfeccionada.

Las plumas de mojar, como las que se usaban en las escuelas hasta la década de 1960, tenían un mango de madera con una boquilla en un extremo para hincar y sujetar las plumillas cambiables. Las plumillas primitivas, como las que vemos, eran de acero templado. Las versiones actuales suelen llevar en la punta refuerzos de metales que las endurecen, como el osmio o el platino.

Pluma afilada

En la Edad Media, los escribas utilizaban plumas de ave para confeccionar sus primorosos manuscritos iluminados. En este ejemplo se recoge la coronación del rey Enrique IV de Castilla en el siglo xv. Pueden verse los delicados rasgos que podían hacerse con tan sencillos instrumentos.

Juego de plumillas de acero para plumas «de mojar».

Las plumas de ave se desgastaban por el constante rascar en el rugoso papel o pergamino, y de vez en cuando tenían que ser afiladas con navajitas pequeñas llamadas cortaplumas. En el siglo XVII se inventaron estos aparatitos del mismo nombre y finalidad, que dejaban limpiamente recortada la punta desgastada.

La elaboración del papel

Los más primitivos fragmentos de papel que han sido descubiertos proceden de China y datan de hacia el año 90 de nuestra era. El conocimiento de la elaboración del papel fue llegando a Europa a través del mundo islámico. El proceso siguió siendo básicamente similar al seguido en China. El papel se hacía, y se hace, de pasta de madera y de trapos, que se ponen a remojar y se muelen hasta formar una pulpa.

En la pulpa se introducía un cedazo, o forma, con fondo de tela metálica, en la que se depositaba la fibra que, tras escurrir el agua, formaba la hoja.

La hoja resultante se retiraba adherida a una pieza de fieltro, y luego se colgaba en desvanes o naves para su secado.

El alumbrado

LA PRIMERA LUZ ARTIFICIAL procedía del fuego, pero resultaba peligrosa y difícil de trasladar. Después, hace unos 20.000 años, los hombres se dieron cuenta de que podían conseguir luz quemando grasas o aceites, y aparecieron las primeras lámparas. Eran pedazos ahuecados de roca llenos de grasa animal. Las primeras lámparas, o candiles, con mechas de fibras vegetales, se hicieron hacia el año 1000 a. de C. Al comienzo, tenían un canalillo sencillo para sujetar la mecha, que después se sujetó en un tubo. Las velas aparecieron hace unos dos mil años. Una vela no es más que una mecha rodeada de cera o sebo. Cuando se prende la mecha, la llama derrite algo de cera o sebo, que arde produciendo luz. Así, pues, una vela es en realidad una lámpara de una forma más conveniente. Las lámparas de aceite y las velas fueron la fuente principal de luz artificial hasta que se generalizó el uso del alumbrado de gas, en el siglo XIX; la luz eléctrica se difundió más recientemente.

Cuando los hombres primitivos encendieron hogueras para cocer los alimentos y calentarse, se dieron cuenta de que también producían luz. El fuego, pues, proporcionó la primera fuente de luz artificial. De ahí sólo mediaba un paso para hacer una antorcha con ramas de arbustos, con el fin de poder transportar la luz, o colocarla en un lugar alto en una oscura caverna.

Mecha

Llenando una caracola de aceite y poniéndole una mecha en el canalillo inferior, puede usarse de lámpara. La que aquí vemos se utilizó en el siglo XIX, pero ya mucho antes se hicieron lámparas con conchas.

Pico acanalado para la mecha

Durante millares de años se han hecho lámparas de arcilla en forma de cuencos. El combustible era aceite de oliva o de colza. Ésta que vemos procede probablemente de Egipto, y tiene unos dos mil años.

Los romanos hacían candiles de arcilla con una tapita para mantener limpio el aceite. A veces tenían más de un pitorro y de una mecha, y así daban más luz.

Pitorro para la mecha.

Mecha

La forma más elemental de lámpara es una piedra en la que se ha vaciado un hueco. Ésta de la izquierda procede de las islas Shetland, al norte de Escocia, y se utilizaba aún el siglo pasado. Pero otras similares, con unos 15.000 años de antigüedad, se han encontrado en la cueva de Lascaux, en el centro de Francia.

Las primeras velas se elaboraron hace más de dos mil años. Alrededor de una mecha colgada, se vertía cera o sebo y se dejaba enfriar. Esas velas eran demasiado caras para muchas personas.

A partir del siglo XV se hicieron velas con moldes. Los moldes facilitaban la elaboración, pero no se usaron mucho hasta que se mecanizó el proceso en el siglo XIX.

Antes de la introducción de las cerillas, se usaban las cajas de yesca para encender fuegos y lámparas. Se sacaba chispa frotando un pedernal con una pieza de acero (el eslabón). En la caja, el material seco (la yesca) recogía el fuego de la chispa.

Los apagavelas cónicos se solían usar para apagar cirios y velas: así no había humo ni peligro de incendio.

Haciendo juego con las lámparas de aceite más recargadas, se idearon complicadas herramientas para cortar las mechas. Estas despabiladeras cortaban la mecha gastada y recogían los desechos en un recipiente.

Una única vela produce poca luz: una bujía

Las linternas, o faroles, se utilizaban para resguardar la llama del viento y reducir el riesgo de incendio.

En este grabado vemos el primer farol público que lució en las calles de París en 1667. El farolero tenía que encaramarse a una escalerilla para llegar hasta el farol.

Otra manera de hacer una vela era emplear la cera recogida directamente de una colmena: podía arrollarse en forma de cilindro.

Este candelero tiene un mecanismo en espiral. Girándolo, se podía subir la vela, a medida que se consumía, para mantenerla siempre en el mismo nivel.

La medida del tiempo

EL CONOCIMIENTO DE LA HORA SOLAR fue muy importante en cuanto los hombres se pusieron a cultivar la tierra. Pero fueron los astrónomos del antiguo Egipto quienes, hace unos tres mil años, utilizaron el movimiento uniforme del Sol en el firmamento para determinar con mayor precisión las horas. El «reloj de sombra» egipcio era un reloj de sol, que indicaba la hora mediante la posición de una raya de sombra proyectada en unas marcas establecidas. Otros ingenios primitivos para marcar la hora se basaban en la combustión continua de una vela o en el paso de agua por un pequeño orificio. Los primeros relojes mecánicos aprovecharon la oscilación constante de una varilla metálica, llamada balancín, para regular el movimiento de las agujas en una esfera. Los relojes posteriores emplearon péndulos, que se mueven de un lado a otro. El escape asegura que ese movimiento regular se transmita a los engranajes que mueven las agujas.

Los libros de horas medievales, con imágenes de la vida campesina en los diferentes meses, muestran lo importante que era la época del año para las personas que trabajaban la tierra. Ésta es la ilustración del mes de marzo en las *Très Riches Heures* del duque de Berry.

Los antiguos egipcios usaban el *merkhet,* con su plomada, para observar el movimiento de determinadas estrellas en el cielo, lo cual permitía calcular las horas de la noche. El que arriba vemos pertenecía a un astrónomo-sacerdote llamado Bes, que vivió hacia el año 600 a. de C.

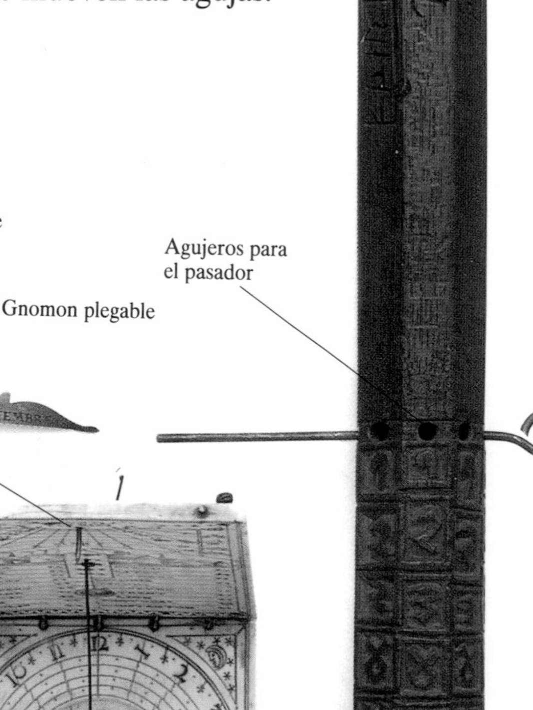

Este pequeño reloj de sol, de marfil, tiene dos gnomones, o estilos, uno para el verano y otro para el invierno.

Este reloj de sol plegable, alemán, tiene un cordoncillo que hace de gnomon y puede ser ajustado para diferentes latitudes. Las esferas menores indican las horas de Italia y de Babilonia. La esfera mayor indica también la longitud del día y la posición del Sol en el zodíaco.

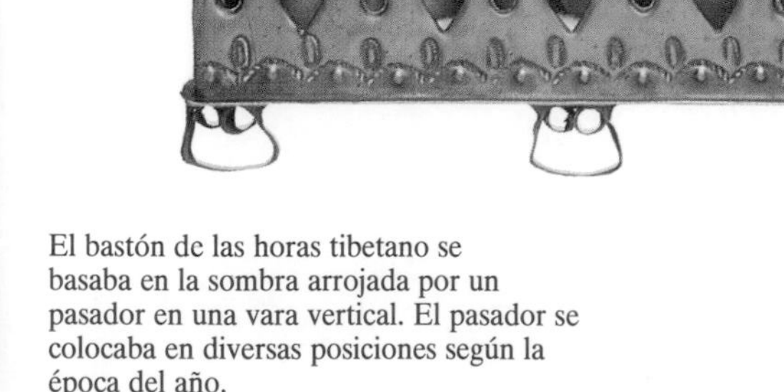

El bastón de las horas tibetano se basaba en la sombra arrojada por un pasador en una vara vertical. El pasador se colocaba en diversas posiciones según la época del año.

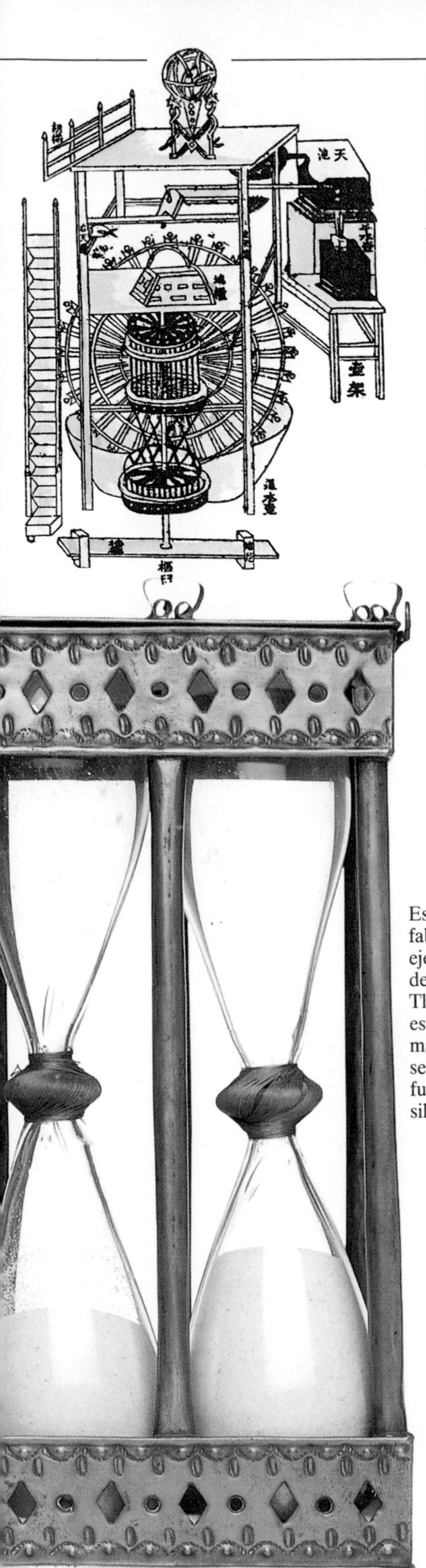

Este reloj chino de agua fue construido por Su Sung en 1088. Estaba alojado en una torre de 10 m de altura y lo movía una rueda hidráulica que hacía sonar las campanas, los gongs y los tambores que daban las horas.

Pesas graduables

En este reloj linterna japonés puede verse el balancín móvil. El reloj se regulaba desplazando unas pesas pequeñas a lo largo de una barra. Tenía una sola aguja que marcaba las horas. Los minuteros no fueron nada frecuentes antes de 1650, cuando el científico holandés Christiaan Huygens construyó un reloj más perfecto, regulado por un péndulo oscilante.

Christiaan Huygens, que inventó el reloj de péndulo a mediados del siglo XVIII.

Hasta el siglo XV, los relojes se movían mediante unas pesas que iban bajando, por lo cual no se los podía desplazar en absoluto. La aplicación de un muelle arrollado en un árbol de volante para mover las agujas hizo posible que se fabricaran relojes de sobremesa y de bolsillo, aunque no eran muy precisos. Este ejemplar de abajo es del siglo XVII.

Este reloj de sobremesa se fabricó en el siglo XVII. El ejemplar de abajo es obra del famoso relojero inglés Thomas Tompion. Tiene esferas para regular la maquinaria y para seleccionar un funcionamiento sonoro o silencioso.

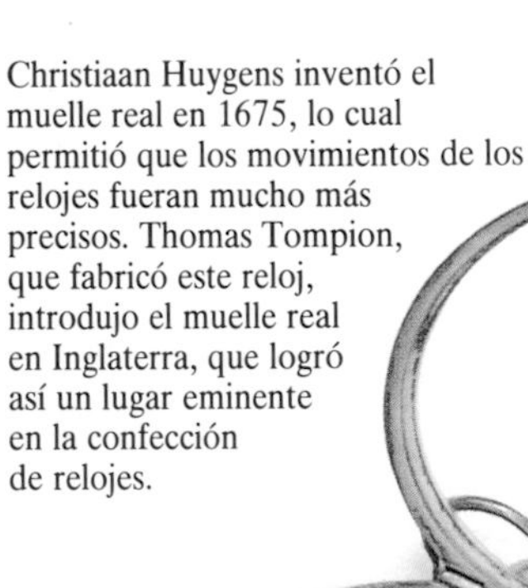

El reloj de arena comenzó probablemente a usarse en la Edad Media, hacia 1300, aunque este ejemplar de arriba es muy posterior. La arena pasaba por un agujero estrecho de una ampolla de vidrio a otra. Cuando la arena terminaba de caer a la ampolla de abajo, había transcurrido un tiempo determinado.

Christiaan Huygens inventó el muelle real en 1675, lo cual permitió que los movimientos de los relojes fueran mucho más precisos. Thomas Tompion, que fabricó este reloj, introdujo el muelle real en Inglaterra, que logró así un lugar eminente en la confección de relojes.

El dominio de la energía

DESDE LOS ALBORES DE LA HISTORIA, los hombres han buscado fuentes de energía para hacer que su trabajo fuera más cómodo y eficaz. Primero, lograron que la fuerza muscular humana tuviera mayor rendimiento mediante el empleo de máquinas como la palanca, la grúa o la rueda de escalones. Pronto comprobaron que la fuerza muscular de ciertos animales como los caballos, las mulas y los bueyes era mucho mayor que la de los hombres. Entonces, domaron a los animales para que tirasen de cargas pesadas y trabajasen en las ruedas de escalones. Otras fuentes de energía que captaron fueron el viento y el agua. Los primeros barcos de vela se hicieron en Egipto hace unos cinco mil años. En el siglo I a. de C., los romanos construyeron ya molinos de agua para moler grano. La energía hidráulica fue muy importante, y ha sido utilizada en gran escala hasta nuestros días. Los molinos de viento se difundieron por Europa de oriente a occidente en la Edad Media, cuando se buscaron medios más rentables para la molienda del grano.

Todavía se usan perros en las regiones árticas para tirar de trineos; en las demás partes del mundo, el caballo ha sido el animal más común para todas las labores. Los caballos se empleaban tanto para molinos de grano como para mover bombas o norias.

Los molinos de viento más primitivos fueron probablemente los de poste. Todo el molino giraba alrededor del poste central, para orientar las aspas al viento reinante. Esos molinos estaban hechos de madera; muchos eran muy frágiles, y los podía tumbar el viento.

Esta grúa del siglo XV, de Brujas (Bélgica), era movida por hombres que impulsaban desde dentro la rueda de escalones. Aquí la vemos levantando barricas de vino. Otras máquinas sencillas, como la palanca y la polea, fueron la base en que se asentó la industria primitiva. Se dice que, hacia el 250 a. de C., el sabio griego Arquímedes era capaz de mover él solo un barco grande, manejando un sistema de poleas. Lo que no sabemos es cómo lo hacía exactamente.

Palo de gobierno

Desde el año 70 a. de C., poco más o menos, tenemos constancia de que los romanos empleaban dos tipos de rueda hidráulica para moler grano. La rueda de álabes, en los molinos flotantes, estaba suspendida a ras de la corriente, que la impulsaba; en los molinos fijos, la rueda de cangilones recibe en ellos desde arriba un chorro de agua, que la hace girar. Más eficaz debía de ser esta última, al aprovechar el peso del agua en los cangilones, incrementado por la caída.

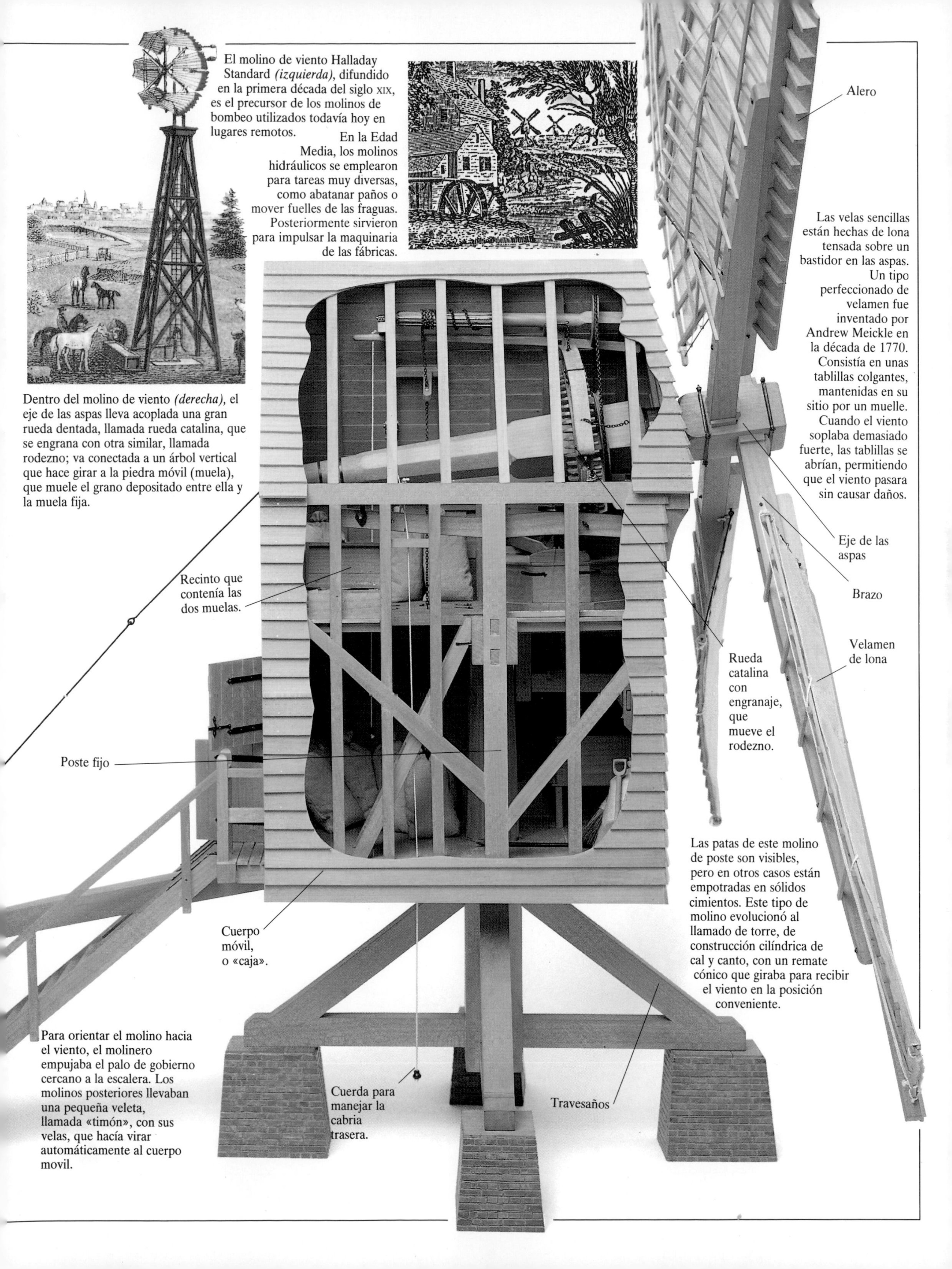
El molino de viento Halladay Standard *(izquierda)*, difundido en la primera década del siglo XIX, es el precursor de los molinos de bombeo utilizados todavía hoy en lugares remotos.
En la Edad Media, los molinos hidráulicos se emplearon para tareas muy diversas, como abatanar paños o mover fuelles de las fraguas. Posteriormente sirvieron para impulsar la maquinaria de las fábricas.
Alero
Las velas sencillas están hechas de lona tensada sobre un bastidor en las aspas. Un tipo perfeccionado de velamen fue inventado por Andrew Meickle en la década de 1770. Consistía en unas tablillas colgantes, mantenidas en su sitio por un muelle. Cuando el viento soplaba demasiado fuerte, las tablillas se abrían, permitiendo que el viento pasara sin causar daños.
Dentro del molino de viento *(derecha)*, el eje de las aspas lleva acoplada una gran rueda dentada, llamada rueda catalina, que se engrana con otra similar, llamada rodezno; va conectada a un árbol vertical que hace girar a la piedra móvil (muela), que muele el grano depositado entre ella y la muela fija.
Eje de las aspas
Brazo
Recinto que contenía las dos muelas.
Velamen de lona
Rueda catalina con engranaje, que mueve el rodezno.
Poste fijo
Las patas de este molino de poste son visibles, pero en otros casos están empotradas en sólidos cimientos. Este tipo de molino evolucionó al llamado de torre, de construcción cilíndrica de cal y canto, con un remate cónico que giraba para recibir el viento en la posición conveniente.
Cuerpo móvil, o «caja».
Para orientar el molino hacia el viento, el molinero empujaba el palo de gobierno cercano a la escalera. Los molinos posteriores llevaban una pequeña veleta, llamada «timón», con sus velas, que hacía virar automáticamente al cuerpo movil.
Cuerda para manejar la cabria trasera.
Travesaños

La imprenta

ANTES DE QUE SE INVENTASE LA IMPRENTA, los libros se escribían laboriosamente a mano uno por uno; así, pues, eran objetos poco abundantes y caros. Los primeros que imprimieron libros fueron los chinos y los japoneses, en el siglo VI. Para ello utilizaron tablillas de madera, arcilla o marfil en las que se habían grabado en relieve letras y signos. Cuando se presionaba una hoja de papel sobre esas tablillas entintadas, las letras quedaban impresas por las partes en resalte de lo grabado. El mayor adelanto en la imprenta fue la invención del tipo móvil, es decir, que cada una de las letras o signos fueran grabados en la cabeza de un bloquecito de metal que podía ser dispuesto en líneas y vuelto a utilizar después de imprimir. Esto también comenzó en China, en el siglo XI. El tipo móvil comenzó a emplearse en Europa en el siglo XV. Su precursor más importante fue Johannes Gutenberg, que inventó la fundición tipográfica, método para producir de manera barata y rápida grandes cantidades de caracteres. A raíz de esta labor de Gutenberg a finales de la década de 1430, la impresión con tipo móvil se difundió con celeridad por toda Europa: en España, desde 1472.

En China se empezaron a emplear bloques con un solo signo hacia 1040. Éstos son vaciados de tipos turcos primitivos.

Esta plancha primitiva japonesa para imprimir contiene un párrafo completo de un texto grabado en una tablita de madera.

Este libro chino primitivo *(arriba)* se imprimió con taquitos de madera, cada uno de los cuales llevaba grabado un único signo.

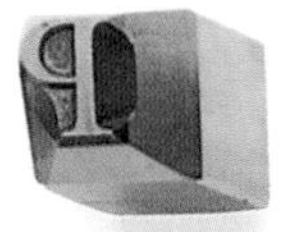

Gutenberg utilizaba punzones de metal muy duro, con una letra grabada en relieve en cada uno. Con ellos estampaba matrices en acero, y en ellas fundía las letras de aleación.

Matriz estampada en metal

Cada matriz llevaba la estampación de una letra o símbolo.

Se usaba un cacillo para verter la aleación fundida de estaño, plomo y antimonio en el molde, para conseguir una letra.

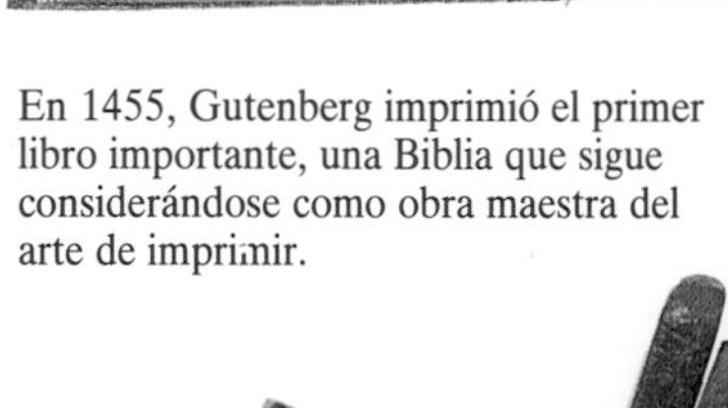

En 1455, Gutenberg imprimió el primer libro importante, una Biblia que sigue considerándose como obra maestra del arte de imprimir.

Aquí se insertaba la matriz

Muelle para mantener cerrado el molde

La matriz se fijaba al fondo de un molde como el de arriba. Luego se cerraba el molde y se vertía el metal fundido por la boca. Una vez frío, se separaban los costados y se sacaba el tipo.

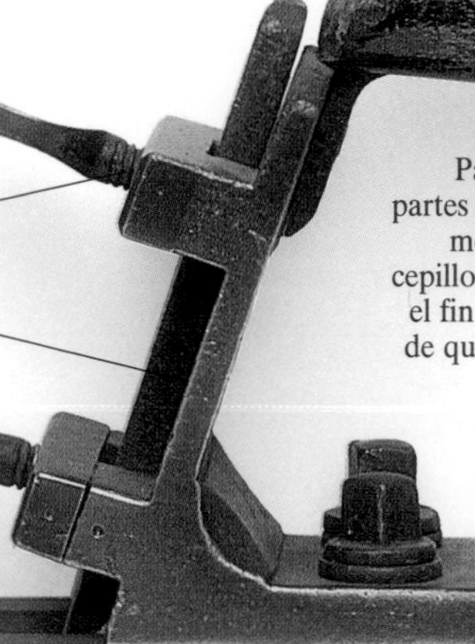

Tuerca para fijar la cuchilla.

Cuchilla de acero

Para acuchillar las partes bajas del tipo de metal se utilizaban cepillos como éste, con el fin de estar seguros de que todas las letras eran de la misma altura.

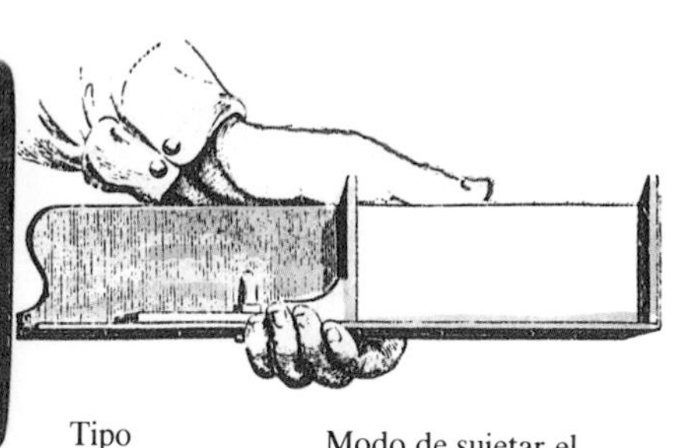

Modo de sujetar el componedor tradicional.

Los impresores antiguos disponían las letras, o sea, el tipo, pieza por pieza, a mano *(arriba),* en esa reglita de madera llamada componedor. Las letras se colocaban de derecha a izquierda y boca abajo, porque la impresión era la imagen de espejo del tipo según le vemos.

En este componedor moderno, de metal *(abajo)* vemos que se puede ajustar la longitud de la línea insertando piececitas de metal, llamadas espacios, entre las palabras. Los espacios no saldrán impresos porque son más bajos que el tipo.

Tipo

Espacio

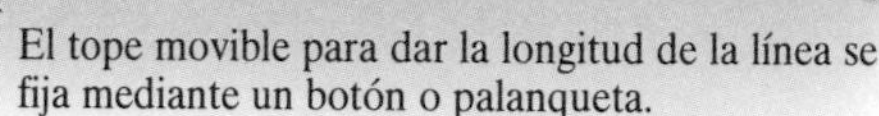

El tope movible para dar la longitud de la línea se fija mediante un botón o palanqueta.

Cajista componiendo a mano

Hacia 1438, el orfebre alemán Johannes Gutenberg inventó un método para confeccionar letras sueltas de metal fundido. Aquí se ve a los impresores componiendo, leyendo, entintando e imprimiendo en su taller. Las hojas impresas cuelgan para que se seque la tinta.

Estas cuñas presionan e inmovilizan la composición.

Tipo formando una página.

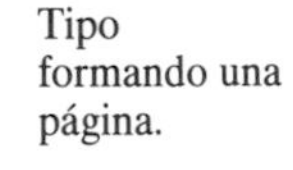

Cuando se ha completado la composición y el ajuste, las páginas se disponen debidamente en un marco de acero llamado rama. Los paquetes quedan firmemente sujetos por la acción de las cuñas, y el conjunto se llama forma. La forma se coloca en la máquina de imprimir, se entinta y se imprime con ella.

Los inventos ópticos

LA CIENCIA DE LA ÓPTICA se basa en el hecho de que los rayos de luz se «doblan», o refractan, al pasar de un medio a otro (por ejemplo, del aire al cristal). La manera en que refractan la luz las piezas de cristal de superficie curva, o lentes, ya la conocían los chinos en el siglo X. En Europa, en los siglos XIII y XIV comenzaron a utilizarse las propiedades de las lentes para mejorar la visión, y aparecieron los lentes, o gafas. Antes ya se utilizaron espejos, hechos de metal pulido, para ayudarse en el maquillaje y en el peinado. Pero hasta el siglo XVII no se construyeron instrumentos ópticos más potentes, capaces de aumentar cosas muy pequeñas y de acercar objetos distantes a un foco más claro. Entre las invenciones de aquella época están el telescopio, que apareció a comienzos del siglo, y el microscopio, conocido alrededor de 1650.

El telescopio debe de haber sido inventado muchas veces, en cuanto alguien pusiera dos lentes en fila, como hace este muchacho, y se diera cuenta de que los objetos distantes se veían mayores.

Las gafas, un par de lentes que corrigen los defectos de la vista, vienen usándose desde hace unos setecientos años. Al comienzo, sólo se usaban para leer y, como las que está vendiendo este óptico muy antiguo, se sujetaban en la nariz a modo de pinzas cuando hacía falta. Las gafas para corregir la miopía no aparecieron hasta la década de 1450.

Las lentes convexas (curvadas hacia afuera) se conocieron en China desde el siglo X, pero el uso de lupas para leer y de gafas para corregir la presbicia probablemente comenzó en Europa. Estas lupas para leer del siglo XVII llevan lentes convexas.

Lentes del siglo XVII, o «quevedos»

Los cristales del siglo XVII solían tener algo de color.

Tubo forrado de cuero.

Cubierta de la lente

El célebre científico italiano Galileo Galilei fue un adelantado en la utilización de telescopios refractores para estudiar el firmamento. Ésta es una réplica de uno de los instrumentos más primitivos de Galileo. Lleva una lente convexa en el objetivo, o extremo delantero, y otra cóncava (curvada hacia adentro) en el ocular, o sitio donde se aplica el ojo.

Los primeros telescopios refractores, como este modelo inglés del siglo XVIII, producían imágenes con los contornos borrosos y coloreados, porque sus lentes refractaban los diferentes colores de la luz en cantidades diversas. En 1733, Chester Moor Hall confeccionó una lente principal poniendo juntas dos lentes de cristales distintos. La distorsión del color de una lente era compensada por la de la otra.

A la izquierda el holandés Antoni van Leeuwenhoek (1632-1723), que se dedicó a pulir lentes y confeccionar microscopios sencillos con una lente pequeña en montura metálica. Obtuvo ampliaciones de hasta 270 veces, y fue uno de los primeros que estudiaron el mundo de lo infinitamente pequeño en la naturaleza; describió los «animalillos pequeñísimos y rarísimos» que veía en las gotas de agua de un charco.

El microscopio compuesto (arriba) no tiene una lente, sino dos. La principal amplía el objeto, y la del ocular agranda la imagen ampliada.

El telescopio reflector utiliza de lente un espejo cóncavo. Eso elimina el problema de la distorsión del color, la necesidad de lentes de larga distancia focal y la de tubos de gran longitud. Esta versión lleva dos espejos, y una lente en el ocular.

Telescopio, o catalejo, de bolsillo del siglo XVIII.

Este telescopio del siglo XVII lleva un cuadrante y una plomada. Le ayudaban al astrónomo a determinar la altitud de un objeto en el cielo.

Los anteojos de picardía eran utilizados en algunas ocasiones por la «gente bien» del siglo XVIII para vigilar a alguien. Dentro del tubo, un espejo desviaba la reflexión de los rayos de luz, de manera que se podía hacer como que se miraba hacia el frente, cuando se estaba viendo lo que se tenía a uno de los lados.

Los gemelos sencillos, como estos de teatro del siglo XIX, con adornos de nácar y esmalte, consistían en dos anteojos montados en paralelo. Los gemelos prismáticos fueron inventados hacia 1880. Llevan un juego de dos lentes y dos prismas triangulares de cristal, que «doblan» los rayos de luz para acortar la longitud del tubo, y permiten mayor aumento de la imagen en un instrumento de menor tamaño.

El cálculo

Los hombres siempre han contado y calculado, pero el cálculo cobró mucha importancia cuando comenzó la compra y venta de mercancías. Aparte de los dedos de la mano, los primeros objetos que ayudaron a contar y calcular fueron piedrecillas de río, utilizadas para representar los números de 1 a 10. Hace unos cinco mil años, en Mesopotamia, se trazaban en el suelo unas rayas hondas en las que se depositaban las piedrecillas. Moviendo las piedrecillas de una raya a otra, se podían hacer cálculos. Más adelante, en China y Japón, se utilizó el ábaco de la misma manera, con sus hileras de cuentas que representaban las centenas, las decenas y las unidades. Los posteriores adelantos no llegaron hasta mucho después, con el invento de ciertas ayudas para el cálculo como los logaritmos, la regla de corredera y las calculadoras básicas mecánicas del siglo XVII.

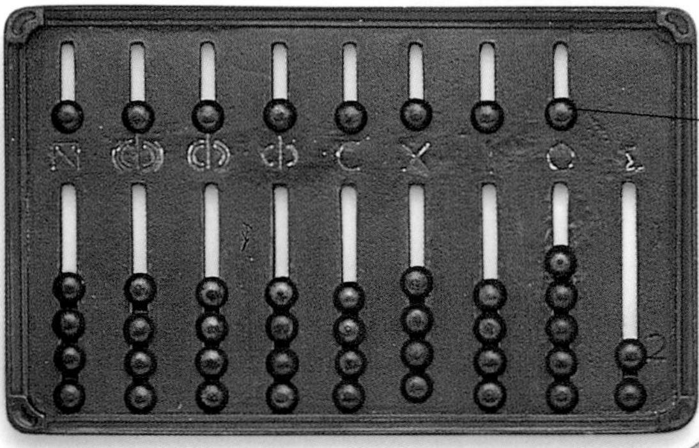

Las cuentas de arriba valen el quíntuplo que las de abajo.

Los antiguos romanos utilizaban un ábaco similar al de los chinos. En la parte de arriba de cada varilla llevaban una bolita separada, que representaba un valor quíntuplo que el de las bolitas de abajo. Lo que se ve arriba es una réplica de un ábaco pequeño romano manual, de bronce.

Con la práctica, se puede calcular a gran velocidad con un ábaco. Por ello, ese método de cálculo ha seguido siendo muy popular en China y Japón, incluso en la era del cálculo electrónico *(abajo).*

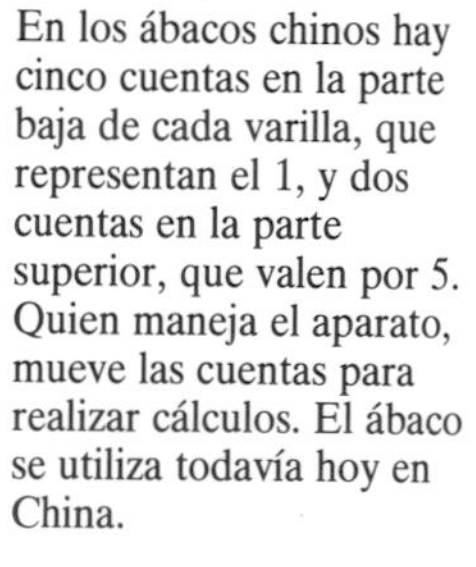

En los ábacos chinos hay cinco cuentas en la parte baja de cada varilla, que representan el 1, y dos cuentas en la parte superior, que valen por 5. Quien maneja el aparato, mueve las cuentas para realizar cálculos. El ábaco se utiliza todavía hoy en China.

El llevar a cabo cálculos rápidos se hizo muy importante en la Edad Media cuando los mercaderes empezaron a comerciar por toda Europa. El mercader de este cuadro flamenco *(izquierda)* está sumando el peso de cierto número de monedas de oro.

Muescas

Las tarjas estaban formadas por una tablilla que se dividía a lo largo en otras dos gemelas *(arriba).* En cada transacción, se hermanaban las dos partes y se les hacía una muesca simultánea, con lo cual al comerciante y al cliente les quedaba un resguardo del número de operaciones *(arriba).*

Para multiplicar dos números, sólo es necesario sumar sus logaritmos. La regla de corredera *(abajo),* con sus escalas adyacentes de números, opera sobre esa base.

Escalas paralelas

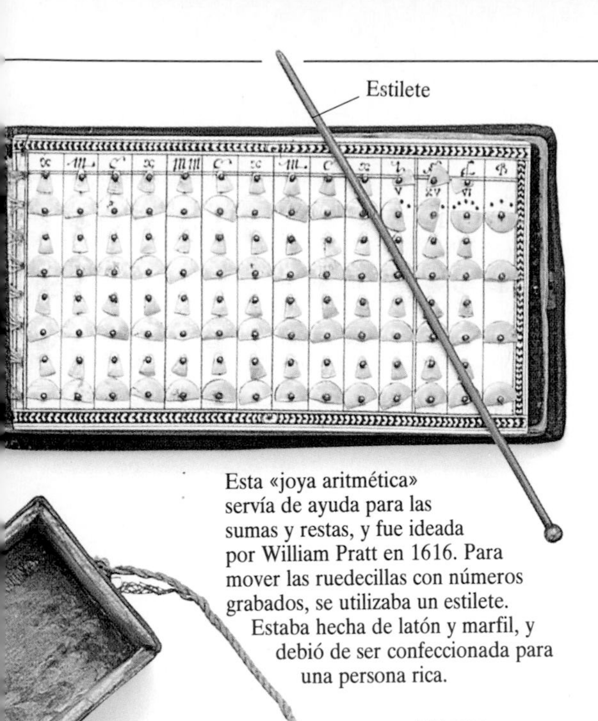

Esta «joya aritmética» servía de ayuda para las sumas y restas, y fue ideada por William Pratt en 1616. Para mover las ruedecillas con números grabados, se utilizaba un estilete. Estaba hecha de latón y marfil, y debió de ser confeccionada para una persona rica.

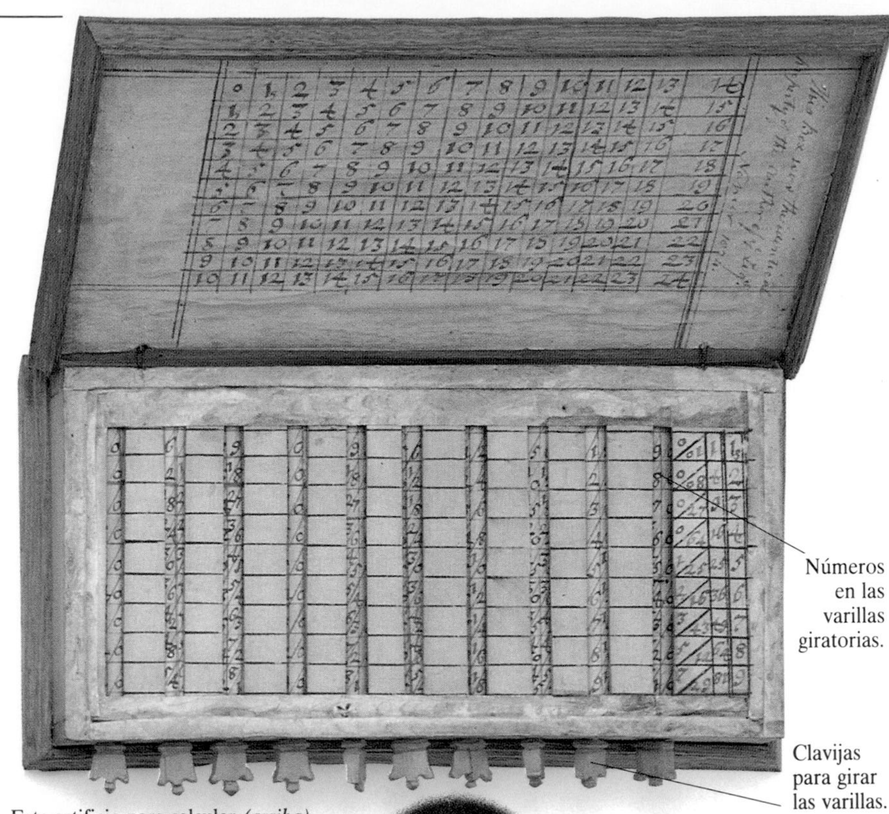

Este artificio para calcular *(arriba)* utilizaba el principio de las regletas de Napier, pero los números estaban inscritos en varillas giratorias, con el fin de que no se perdiesen.

Estas varillas *(arriba)* van numeradas del 1 al 9 en un extremo. Las inventó John Napier a comienzos del siglo XVII. Los números de los costados de las varillas eran múltiplos del número del extremo. Para hallar los múltiplos del número *x*, las varillas que representaban *x* se ponían juntas; las soluciones se sacaban sumando los números adyacentes.

Blaise Pascal

El francés B. Pascal (1623-1662) creó esta calculadora en 1642 para ayudar a su padre, magistrado, en cuestiones fiscales. Esta «máquina aritmética» consistía en cierto número de ruedecillas dentadas *(abajo)* con números en unos discos concéntricos. En ellos se marcaban las cantidades que había que sumar o restar, y la solución salía arriba, en las ventanillas.

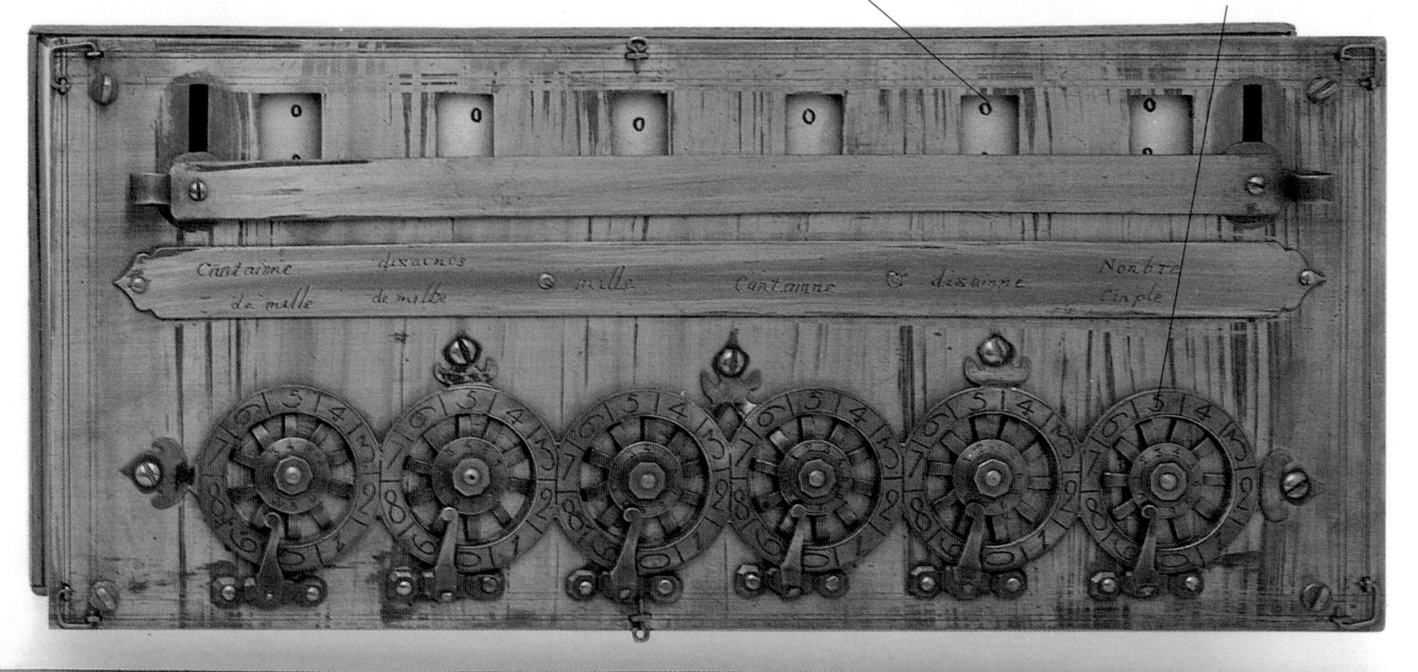

La máquina de vapor

Máquina de vapor de Herón de Alejandría.

LA ENERGÍA ENGENDRADA POR EL VAPOR ha fascinado a los hombres a lo largo de los tiempos. Durante el siglo I de nuestra era, los sabios griegos comprobaron que el vapor contenía energía que podía ser aprovechada por la humanidad. Pero los griegos antiguos no utilizaron la energía del vapor para mover máquinas. Los primeros mecanismos de vapor fueron diseñados a finales del siglo XVII por ingenieros británicos como el marqués de Worcester y Thomas Savery. El invento de este último estaba destinado al bombeo de agua en las minas. La primera máquina de vapor realmente práctica fue proyectada por Thomas Newcomen, cuyo primer logro data de 1712. El ingeniero y mecánico escocés James Watt mejoró mucho más la máquina de vapor. Sus dispositivos condensaban el vapor fuera de la caldera principal. Al eliminar la necesidad de calentar y enfriar alternativamente la caldera, ahorraban calor. También utilizaban el vapor para hacer que el pistón bajase, con lo que incrementaban la eficacia. Las nuevas máquinas pasaron pronto a constituir la mayor fuente de energía en fábricas y minas. Los progresos posteriores se plasmaron en máquinas más compactas, de alta presión, que se aplicaron a locomotoras y barcos.

En algún año del siglo I de nuestra era, el sabio griego Herón de Alejandría inventó el *aeolipile,* sencilla máquina de vapor que aprovechaba el principio de la propulsión a chorro *(arriba).* El agua hervía dentro de la caldera y el vapor salía por unos tubos curvos conectados a ella. Eso hacía que la bola girase. El aparato no se utilizó para ningún uso práctico.

Thomas Savery (hacia 1650-1715) patentó una máquina para achicar el agua de las minas en 1698. El vapor procedente de una caldera pasaba a una pareja de recipientes. Luego era vuelto a condensar en forma de agua, y entonces succionaba el agua existente abajo, en la mina. A través de un sistema de llaves de paso y válvulas, la presión del vapor era encaminada directamente a empujar hacia arriba el agua por una cañería de desagüe. Thomas Newcomen (1663-1729) construyó una máquina perfeccionada en 1712.

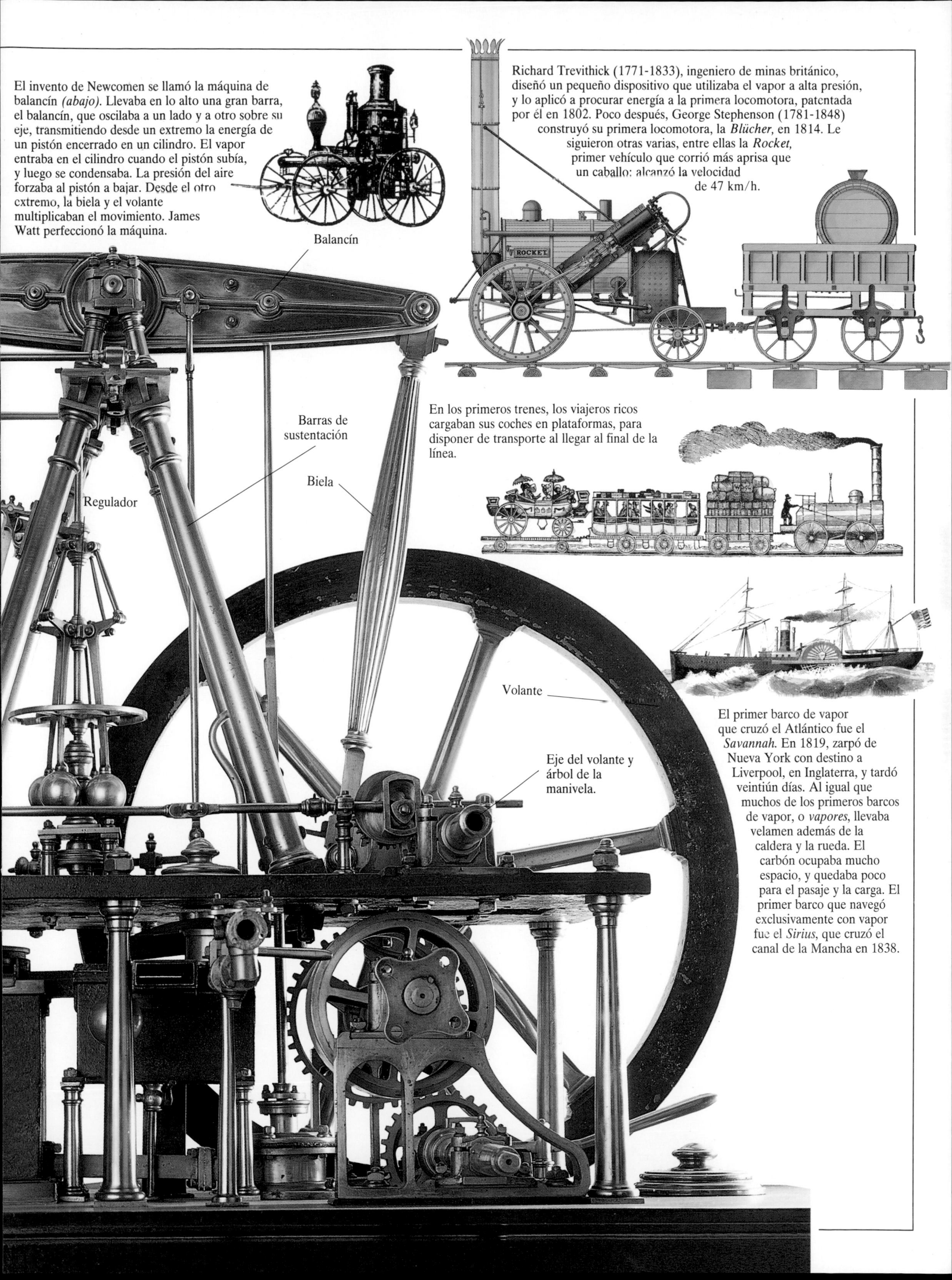

El invento de Newcomen se llamó la máquina de balancín *(abajo).* Llevaba en lo alto una gran barra, el balancín, que oscilaba a un lado y a otro sobre su eje, transmitiendo desde un extremo la energía de un pistón encerrado en un cilindro. El vapor entraba en el cilindro cuando el pistón subía, y luego se condensaba. La presión del aire forzaba al pistón a bajar. Desde el otro extremo, la biela y el volante multiplicaban el movimiento. James Watt perfeccionó la máquina.

Richard Trevithick (1771-1833), ingeniero de minas británico, diseñó un pequeño dispositivo que utilizaba el vapor a alta presión, y lo aplicó a procurar energía a la primera locomotora, patentada por él en 1802. Poco después, George Stephenson (1781-1848) construyó su primera locomotora, la *Blücher,* en 1814. Le siguieron otras varias, entre ellas la *Rocket,* primer vehículo que corrió más aprisa que un caballo: alcanzó la velocidad de 47 km/h.

En los primeros trenes, los viajeros ricos cargaban sus coches en plataformas, para disponer de transporte al llegar al final de la línea.

El primer barco de vapor que cruzó el Atlántico fue el *Savannah.* En 1819, zarpó de Nueva York con destino a Liverpool, en Inglaterra, y tardó veintiún días. Al igual que muchos de los primeros barcos de vapor, o *vapores,* llevaba velamen además de la caldera y la rueda. El carbón ocupaba mucho espacio, y quedaba poco para el pasaje y la carga. El primer barco que navegó exclusivamente con vapor fue el *Sirius,* que cruzó el canal de la Mancha en 1838.

La navegación y la topografía

CUANTAS MÁS PERSONAS VIAJABAN en barco, más importantes fueron las artes de navegar. La navegación se originó probablemente en el Nilo y en el Éufrates, hace unos cinco mil años, cuando los egipcios y los babilonios establecieron rutas comerciales. Los egipcios también fueron pioneros en la topografía, esencial para la creación de grandes edificios como las pirámides. La navegación y la topografía tienen bastante que ver, ya que ambas apelan a la medida de ángulos y al cálculo de largas distancias. Desde el 500 a. de C. aproximadamente, los griegos primero, y luego los árabes y los indios, crearon la astronomía, la geometría y la trigonometría como ciencias y perfeccionaron instrumentos como el astrolabio y la brújula. El conocimiento de los movimientos de los cuerpos celestes y de las relaciones entre los ángulos y las distancias permitió a los marinos medievales crear un sistema de longitudes y latitudes para fijar su ruta en el mar sin puntos de referencia en las costas. Los romanos fueron precursores en el uso de artilugios de precisión para el levantamiento de planos, y los arquitectos del Renacimiento añadieron el teodolito, nuestro instrumento topográfico más importante.

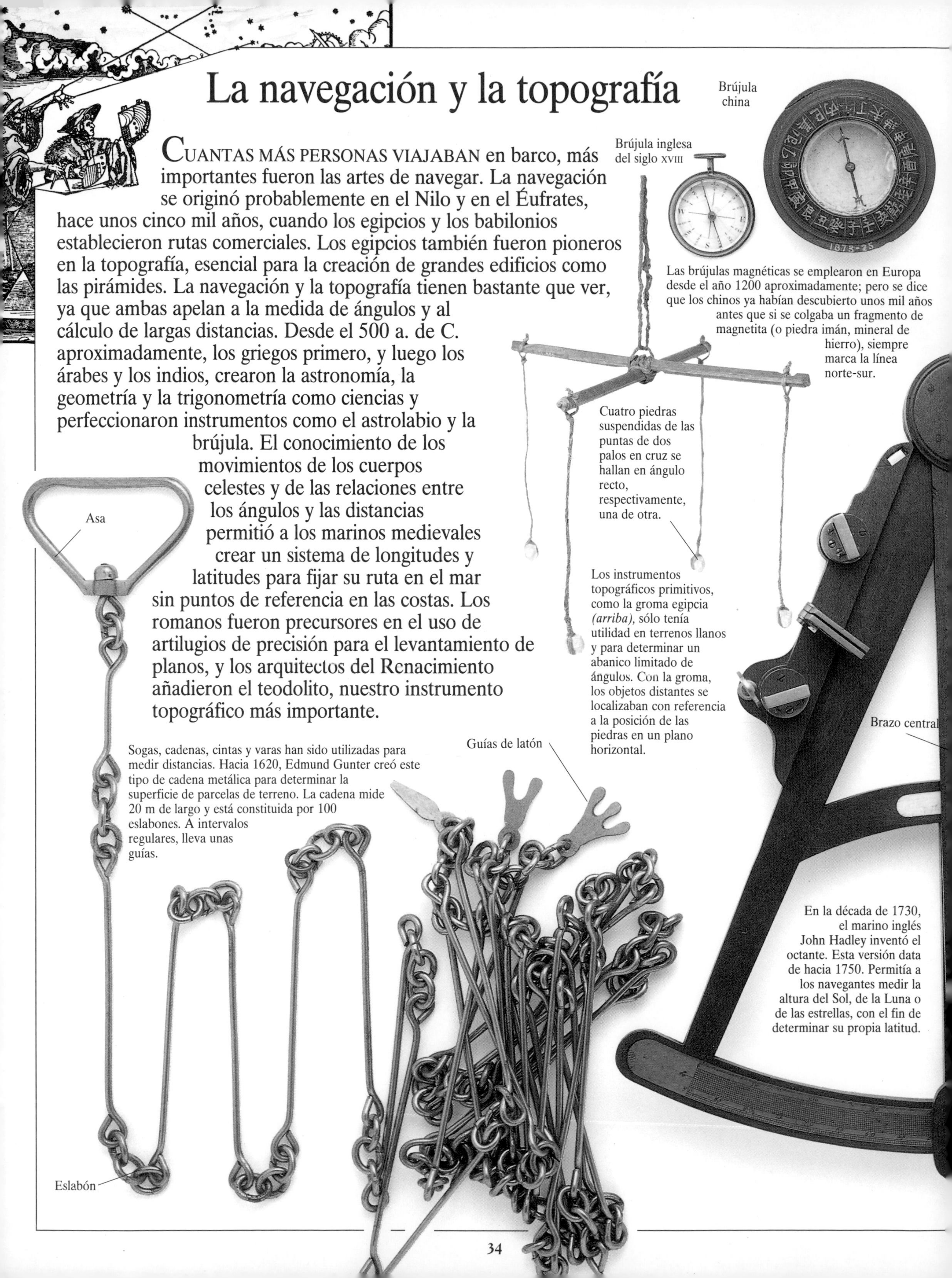

Las brújulas magnéticas se emplearon en Europa desde el año 1200 aproximadamente; pero se dice que los chinos ya habían descubierto unos mil años antes que si se colgaba un fragmento de magnetita (o piedra imán, mineral de hierro), siempre marca la línea norte-sur.

Cuatro piedras suspendidas de las puntas de dos palos en cruz se hallan en ángulo recto, respectivamente, una de otra.

Los instrumentos topográficos primitivos, como la groma egipcia *(arriba)*, sólo tenía utilidad en terrenos llanos y para determinar un abanico limitado de ángulos. Con la groma, los objetos distantes se localizaban con referencia a la posición de las piedras en un plano horizontal.

Sogas, cadenas, cintas y varas han sido utilizadas para medir distancias. Hacia 1620, Edmund Gunter creó este tipo de cadena metálica para determinar la superficie de parcelas de terreno. La cadena mide 20 m de largo y está constituida por 100 eslabones. A intervalos regulares, lleva unas guías.

En la década de 1730, el marino inglés John Hadley inventó el octante. Esta versión data de hacia 1750. Permitía a los navegantes medir la altura del Sol, de la Luna o de las estrellas, con el fin de determinar su propia latitud.

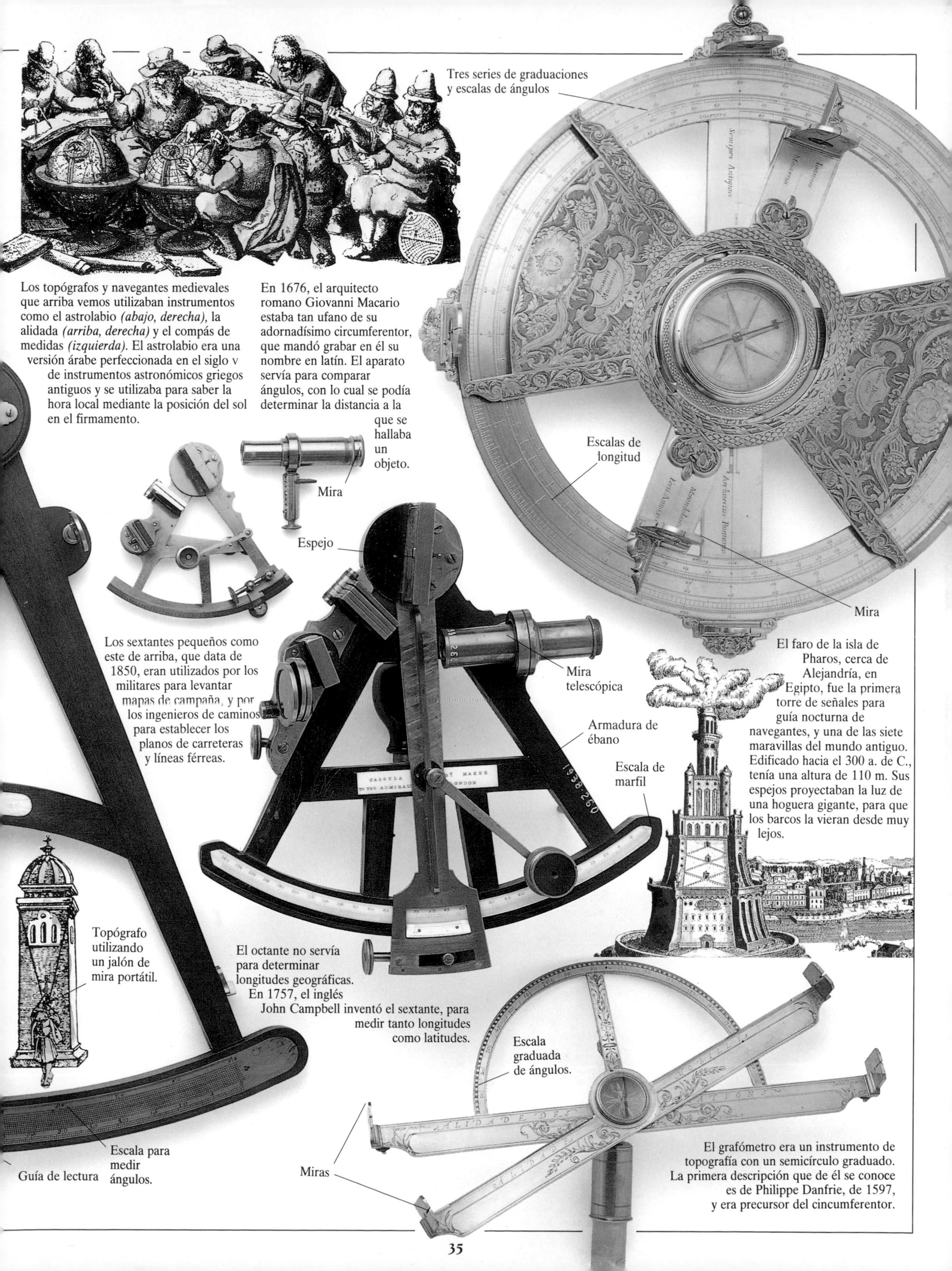

Los topógrafos y navegantes medievales que arriba vemos utilizaban instrumentos como el astrolabio *(abajo, derecha)*, la alidada *(arriba, derecha)* y el compás de medidas *(izquierda)*. El astrolabio era una versión árabe perfeccionada en el siglo v de instrumentos astronómicos griegos antiguos y se utilizaba para saber la hora local mediante la posición del sol en el firmamento.

En 1676, el arquitecto romano Giovanni Macario estaba tan ufano de su adornadísimo circumferentor, que mandó grabar en él su nombre en latín. El aparato servía para comparar ángulos, con lo cual se podía determinar la distancia a la que se hallaba un objeto.

Los sextantes pequeños como este de arriba, que data de 1850, eran utilizados por los militares para levantar mapas de campaña, y por los ingenieros de caminos para establecer los planos de carreteras y líneas férreas.

El faro de la isla de Pharos, cerca de Alejandría, en Egipto, fue la primera torre de señales para guía nocturna de navegantes, y una de las siete maravillas del mundo antiguo. Edificado hacia el 300 a. de C., tenía una altura de 110 m. Sus espejos proyectaban la luz de una hoguera gigante, para que los barcos la vieran desde muy lejos.

El octante no servía para determinar longitudes geográficas. En 1757, el inglés John Campbell inventó el sextante, para medir tanto longitudes como latitudes.

El grafómetro era un instrumento de topografía con un semicírculo graduado. La primera descripción que de él se conoce es de Philippe Danfrie, de 1597, y era precursor del cincumferentor.

Hilar y tejer

DESDE MUY PRONTO utilizó el hombre pieles de animales para protegerse del frío; pero, hace unos diez mil años, aprendió a hacerse vestidos. La lana, el algodón, el lino y el cáñamo fueron hilados primero para formar finas hebras, mediante el huso. Luego, las hebras se tejieron en telares. Los primeros artefactos para tejer debieron consistir en poco más que un par de varas que sujetaban una serie de hebras en paralelo, o sea, una urdimbre, en la que se insertaba hilo por hilo una hebra cruzada, llamada la trama. Luego se inventaron unas máquinas, denominadas telares, en las que unos listones separaban las hebras de la urdimbre en dos hileras alternadas, para poder insertar la trama con mayor facilidad. Una pieza de madera, llamada lanzadera, se pasaba entre las dos hileras. Los principios básicos del hilado y el tejido se han mantenido hasta la época actual, si bien durante la revolución industrial del siglo XVIII se descubrieron muchos procedimientos para automatizar el proceso. Nuevas máquinas como la *spinning mule* permitieron hilar muchas hebras a la vez y, con ayuda de dispositivos como la lanzadera volante, se logró tejer piezas de tela muy anchas a gran velocidad.

Hacia el año 1300 apareció en Europa un telar perfeccionado procedente de la India. Se llamaba el telar horizontal, y llevaba un entramado de cuerdas o de alambre para separar las hebras de la urdimbre. A través de ellas se pasaba a mano la lanzadera.

Los husos antiguos como el que arriba vemos se giraban a mano para retorcer las fibras entre el pulgar y el índice, con el fin de que formasen una hebra. Este ejemplar se encontró en 1921 en las excavaciones de Tel el Amarna, en Egipto.

Cordón de transmisión

Huso con lana

Volante de madera

Este tipo de rueca, llamado de gran volante, fue utilizado en los hogares de toda Europa hasta hace menos de 150 años. Estas ruecas producían un hilo fino y uniforme; el volante se movía a pedal.

La rueca, que fue introducida en Europa hacia el año 1200, aceleró el proceso del hilado. El volante se movía con la mano derecha, mientras que entre los dedos de la izquierda se hilaba la mecha de lana, unida al hilo ya formado, y se devanaba en el huso.

Hace unos 250 años se introdujeron diversas mejoras en las máquinas de hilar. En 1769, el inglés sir Richard Arkwright ideó el bastidor de hilar con volante *(derecha)*. El volante formaba primero la hebra y luego la retorcía según la iba arrollando en un carrete o bobina. Unos diez años después, Samuel Crompton inventó la «hilandera mecánica» *(abajo)* que podía hilar más dc mil cabos a la vez.

Con la nueva maquinaria, el tejido pasó de ser labor hogareña a tarea de fábrica, donde se disponía de agua o de vapor para mover las máquinas. En las fábricas se empleó a muchachitos de ambos sexos para que se arrastrasen debajo de las máquinas y anudasen los cabos rotos o retirasen la borra, tanto en el hilado *(arriba)* como en el tejido *(abajo)*.

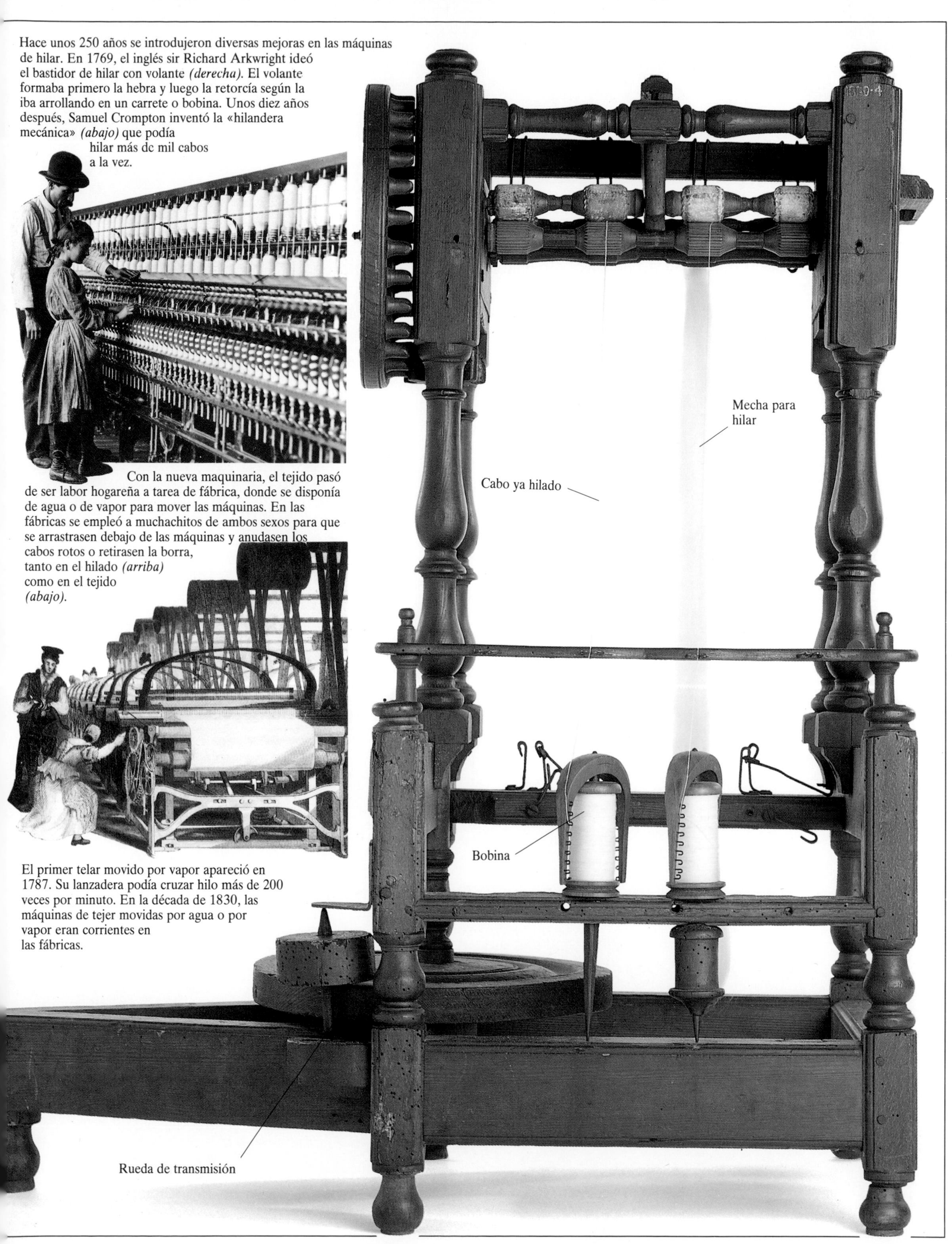

El primer telar movido por vapor apareció en 1787. Su lanzadera podía cruzar hilo más de 200 veces por minuto. En la década de 1830, las máquinas de tejer movidas por agua o por vapor eran corrientes en las fábricas.

Las baterías o pilas

HACE MÁS DE DOS MIL AÑOS, el sabio griego Tales de Mileto observó que saltaban chispas al frotar en una tela un trozo de ámbar, la resina amarillenta fósil de árboles muertos en épocas remotas. Pero habría de transcurrir muchísimo tiempo antes de que los hombres domeñasen esa energía con el fin de conseguir una batería, o sea, un dispositivo para producir corriente eléctrica continua. En 1800, el conde italiano Alessandro Volta (1745-1827) publicó los detalles de la primera batería. La pila de Volta generaba electricidad mediante la reacción química entre determinados ácidos rebajados y unos electrodos metálicos (polos). Otros científicos, como el británico John Frederic Daniell (1790-1845), mejoraron el diseño de Volta usando otros materiales para los electrodos. Las baterías modernas siguen el mismo esquema básico, pero utilizan materiales modernos.

Electrodos metálicos

Rodetes de paño

La pila de Volta consistía en unos discos alternados de cinc y plata, o cobre, separados por rodetes de paño empapados en una solución ácida o una solución salina. La electricidad fluía por un alambre que unía el último disco de cinc con el último de cobre. De Volta toma su nombre una unidad eléctrica, el voltio.

En 1752, el inventor norteamericano Benjamin Franklin había soltado una cometa durante una tormenta con descargas. La electricidad bajó por la cuerda mojada y produjo una pequeña chispa, demostrando que los relámpagos y los rayos son enormes chispas eléctricas.

El médico italiano Luigi Galvani (1737-1798) descubrió en 1786 que las ancas de ranas muertas colgadas de un gancho de cobre sufrían contracciones musculares cuando se las tocaba con una varilla de hierro *(derecha)*. Pensó que las ancas contenían «electricidad animal»; pero Volta sugirió otra explicación. Los animales producen electricidad, pero las contracciones de las ancas de rana se debían probablemente a que los dos metales y la humedad de los músculos formaban un simple circuito.

Para producir voltajes más elevados y, por tanto, corrientes más intensas, se conectan entre sí muchas pilas, constituidas cada una por un par de electrodos de diferentes metales. La pila «voltaica» común está formada por electrodos de cinc y de cobre bañados en solución ácida. El inventor inglés Cruikshank creó esta pila «de artesa» en 1800. Las placas de metal iban soldadas una con otra y sujetas con una masilla en las ranuras de un recipiente de madera. La artesa se llenaba de una solución ácida o de una solución de cloruro amónico.

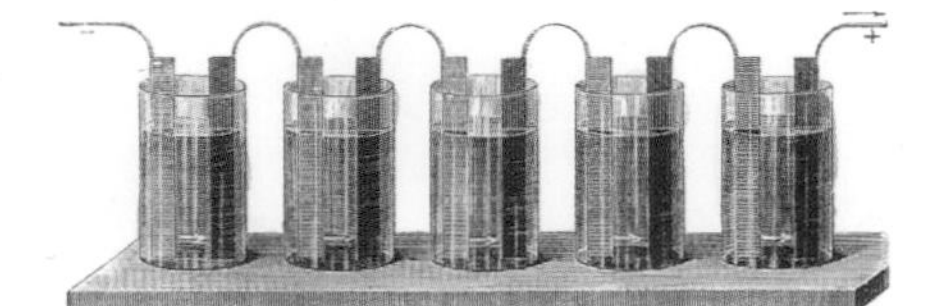

Hacia 1807, el químico inglés W. H. Wollaston creó una batería como la de la izquierda. Las placas de cinc iban fijadas entre los brazos de unas placas de cobre dobladas en forma de U, de modo que el cinc se usaba por las dos caras. Las placas de cinc se sacaban del electrolito para ahorrar metal cuando la batería no se utilizaba.

La pila de Daniell fue la primera fuente fiable de electricidad. Generaba una corriente con un voltaje constante durante un tiempo considerable. La pila llevaba un electrodo de cobre sumergido en una solución de sulfato de cobre, y otro electrodo de cinc en ácido sulfúrico. Los líquidos se mantenían separados mediante un recipente poroso.

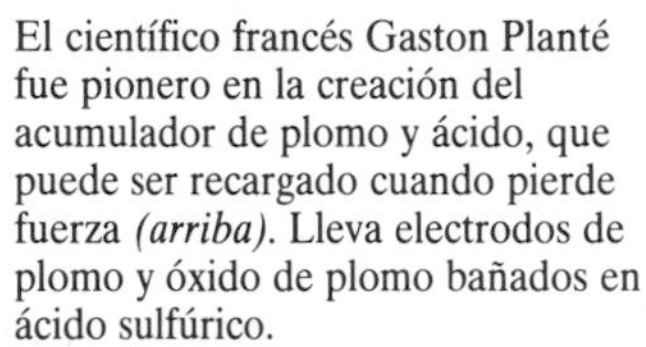

Recipiente poroso

Vasija de cobre que sirve de electrodo

Electrodo de barra de cinc

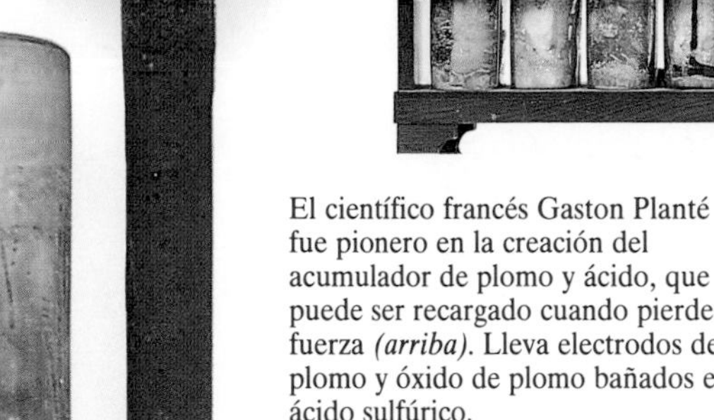

El científico francés Gaston Planté fue pionero en la creación del acumulador de plomo y ácido, que puede ser recargado cuando pierde fuerza *(arriba)*. Lleva electrodos de plomo y óxido de plomo bañados en ácido sulfúrico.

Terminal

El químico Carl Gassner ideó un tipo precursor de la pila «seca». Utilizaba un estuche de cinc como electrodo negativo (–) y una barra de carbón como electrodo positivo (+). Entre los dos llevaba pasta de solución de cloruro amónico y escayola.

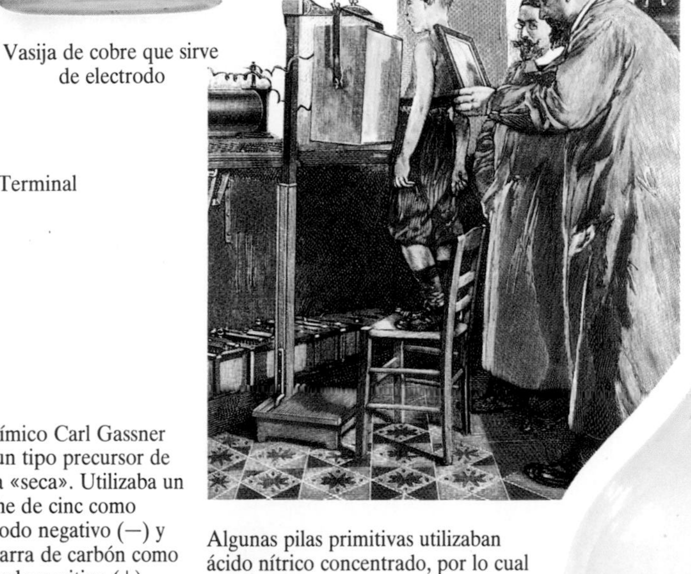

Algunas pilas primitivas utilizaban ácido nítrico concentrado, por lo cual desprendían vapores venenosos. Para eliminar ese peligro, se ideó la pila de bicromato en la década de 1850 *(derecha)*. Iba encerrada en un frasco de vidrio lleno de ácido crómico, y llevaba placas de cinc y de carbón como electrodos.

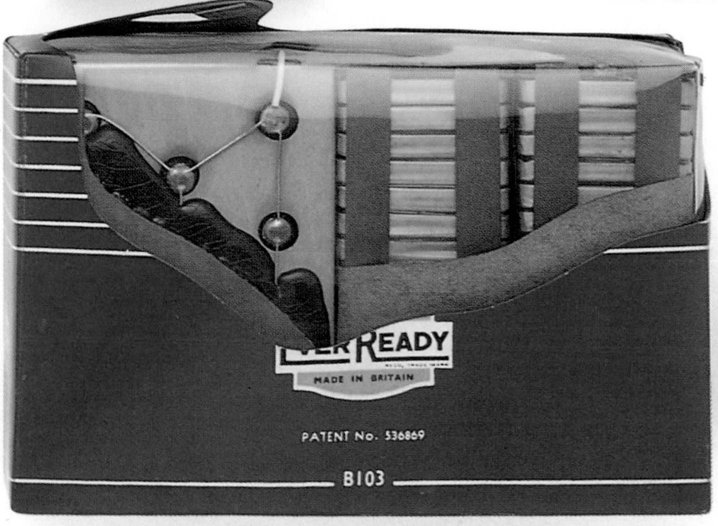

Las pilas llamadas «secas» llevan una pasta electrolítica húmeda dentro de un recipiente de cinc que hace de electrodo. El otro electrodo es una barra de carbón que va en el centro de la pila. Las pilas pequeñas modernas utilizan diversos materiales como electrodos. Las pilas de mercurio fueron las primeras pilas secas de larga duración. Algunas pilas usan litio, el más ligero de los metales. Tienen una vida muy larga y, por ello, se emplean en los marcapasos de enfermos del corazón.

La fotografía

La cámara oscura no era, al principio, más que un recinto oscuro o una caja grande con un orificio muy pequeño en una pared y una pantalla de color claro en la opuesta, y en la cual se proyectaban imágenes. Desde el siglo XVI, se utilizó una lente instalada en el orificio.

LA INVENCIÓN DE LA FOTOGRAFÍA hizo posible obtener por vez primera imágenes fieles y correctas de cualquier objeto y disponer de ellas con rapidez. Surgió de una combinación de la óptica (ver pág. 28) y la química. La proyección de la imagen del Sol en una pantalla ya había sido observada por los astrónomos árabes en el siglo IX, y por los chinos antes que ellos. En el siglo XVI, algún artista italiano, como Canaletto, utilizó lentes y una cámara oscura de ayuda para realizar dibujos más exactos. En 1725, un profesor alemán de anatomía, Johann Heinrich Schulze, hizo observar que una solución de nitrato de plata contenida en un frasco se ennegrecía al quedar en contacto con la luz. En 1827, mediante una placa metálica revestida de un material sensible a la luz se logró la reproducción visual permanente de un objeto.

Hacia 1841, el inglés William Henry Fox Talbot ideó el calotipo. Éste que vemos es un ejemplar muy temprano. Era una versión mejorada de un proceso que ya había dado a conocer dos años antes, cuando Daguerre hizo público su invento. Talbot obtenía un negativo, del que se podían sacar positivos.

El daguerrotipo

Joseph Nicéphore Niepce tomó la primera fotografía que se haya conservado. En 1827, impregnó de betún de Judea una chapa de peltre (aleación de tres metales) y la expuso en una cámara oscura. Al incidirle la luz, el betún se endurecía. Las partes sin endurecer eran eliminadas después disolviéndolas y quedaba la imagen visible. En 1839, su antiguo socio, Louis Jacques Daguerre, creó un procedimiento fotográfico perfeccionado, el daguerrotipo.

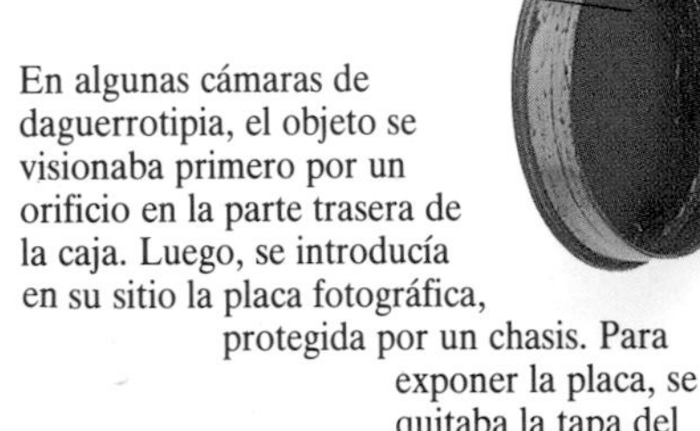

Tapa del objetivo

Objetivo con regulación del foco.

En algunas cámaras de daguerrotipia, el objeto se visionaba primero por un orificio en la parte trasera de la caja. Luego, se introducía en su sitio la placa fotográfica, protegida por un chasis. Para exponer la placa, se quitaba la tapa del chasis y luego la tapa del objetivo, que se volvía a poner una vez acabada la exposición.

Un daguerrotipo consistía en una placa de cobre revestida de plata y pulimentada, sometida a vapores de yodo para sensibilizarla a la luz. Se la exponía en la cámara, y luego se revelaba la imagen mediante vapores de mercurio y se fijaba con hiposulfito sódico.

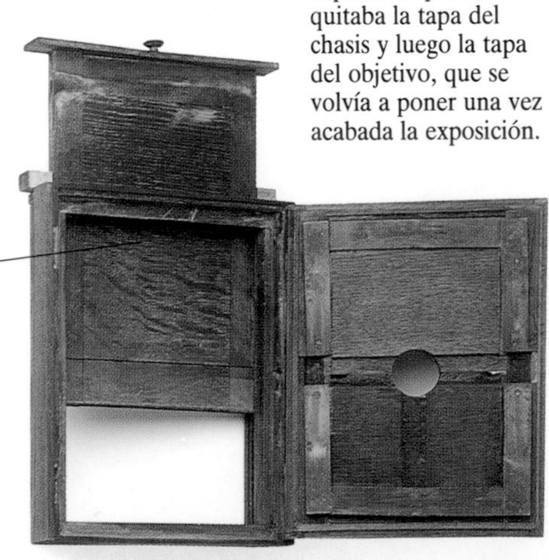

Chasis

Anillos de abertura

Utilizando objetivos de quita y pon adaptables a rosca, así como anillos de diafragma de diferentes aberturas, como permitía esta cámara plegable de la década de 1840 *(derecha)*, se consiguió fotografiar tanto primeros planos (muy de cerca) como objetos distantes, y en muy diversas condiciones de iluminación.

Objetivos diversos a rosca.

Cámara de daguerrotipia plegable

Con los procesos fotográficos de los comienzos, no podían hacerse ampliaciones, por lo que para obtener imágenes de grandes dimensiones se utilizaban grandes placas de vidrio. Contando con la tienda de campaña para revisar las placas según se iban exponiendo, el agua, los productos químicos y las placas, el equipo podía fácilmente pesar más de 50 kg.

La placa de colodión

A partir de 1839, la labor de los pioneros de la fotografía se concentró en la utilización de sales de plata como material sensible a la luz. En 1851, Frederick Scott Archer creó una placa de vidrio más sensible a la luz que sus predecesoras. Obtuvo negativos con mucho detalle mediante exposiciones de menos de treinta segundos. Las placas iban revestidas de un compuesto químico; se las insertaba en la trasera de la cámara y se las exponía cuando todavía estaban húmedas. Era un proceso engorroso, pero daba excelentes resultados.

Productos químicos para procesar la placa de colodión.

Negativo de la placa de colodión

Chasis

Las placas de colodión (o «húmedas») estaban formadas por una placa de vidrio revestida de sales de plata y una solución pegajosa llamada colodión. Por lo general, se revelaban con ácido pirogálico y se fijaban con hiposulfito sódico. Los productos químicos se guardaban en frasquitos de vidrio *(arriba, derecha).*

Esta cámara de placas de colodión *(izquierda)* iba sobre un trípode. La parte trasera, en la que se insertaba la placa fotográfica, se embutía en la parte delantera que llevaba el objetivo y se corría hacia adelante o atrás para aumentar o disminuir la imagen y lograr una fotografía nítida. El enfoque preciso se conseguía mediante un tornillo en la montura del objetivo. A la derecha, caja para guardar negativos.

La fotografía moderna

En 1871, Maddox creó las primeras placas «secas», con baño de gelatinobromuro de plata, sumamente sensibles a la luz. Pronto se descubrieron papeles con emulsiones más sensibles, que permitieron sacar rápidamente muchas copias de un negativo en un cuarto oscuro. En 1888, el norteamericano George Eastman inventó una cámara más pequeña y ligera, y que utilizaba película en carretes.

Palomilla para correr la película

A comienzos del siglo xx, Eastman puso en venta las máquinas Brownie, «de cajón», muy baratas *(derecha),* con lo que nació la fotografía de aficionado. Cada vez que se tomaba una foto, había que correr la película con una palomilla, para que quedara lista la toma siguiente.

Visor réflex

Botón para correr la película

Objetivo

Cámara Exakta

En la década de 1920, los fabricantes alemanes de material fotográfico, como Carl Zeiss o Ihagee, crearon unas cámaras pequeñas de precisión. Este modelo Exakta, lanzado en 1937 por Ihagee, de objetivo único y visor réflex es, en gran medida, el precursor de toda una generación de máquinas modernas.

La primera máquina de carrete lanzada por Eastman contenía una tira larga y fina de papel emulsionado del que luego había que desprender el negativo, que se adhería a plaquitas de cristal para poder sacar las copias. En 1889 salió al mercado el carrete de película de celuloide. La emulsión sensible a la luz se extendía sobre una base transparente, con lo que se eliminaba la operación de desprenderla del soporte.

Invenciones médicas

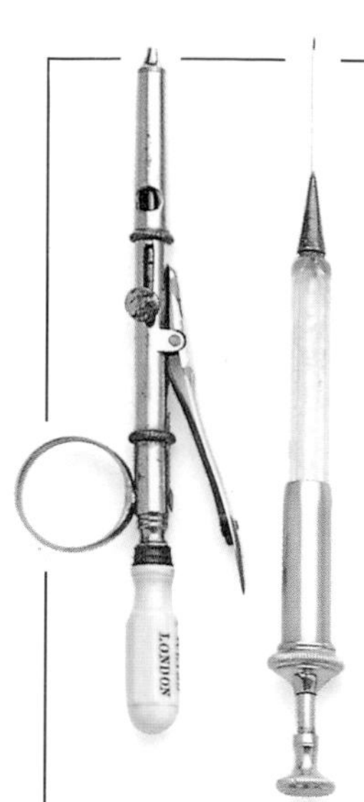

Las jeringuillas se usaron por primera vez en la India, China y África del Norte. Hoy día, las jeringuillas están formadas por un cilindro hueco de cristal o de plástico y un émbolo. Hacia 1850, el cirujano francés Charles Gabriel Pravaz ya utilizaba una jeringuilla en cuya punta había fijado una afilada aguja hueca para inyectar medicamentos.

DESDE SIEMPRE, los hombres han practicado alguna forma de medicina. Los pueblos primitivos utilizaron hierbas para curar enfermedades, y se han descubierto cráneos prehistóricos con orificios circulares probablemente realizados con un trépano, una sierra de cirujano para cortar en redondo. Los antiguos griegos hacían esa operación con el fin de aliviar la tensión cerebral debida a graves heridas en la cabeza. Los antiguos chinos practicaban la acupuntura, clavando agujas en una parte del cuerpo para eliminar el dolor o los síntomas de enfermedad en alguna otra parte. Pero, hasta bien entrado el siglo XIX, el instrumental de un cirujano difería bien poco del primitivo: escalpelos, fórceps, diversos ganchos, sierras y otros instrumentos para llevar a cabo amputaciones o extraer dientes. Los primeros instrumentos utilizados para determinar la causa de las enfermedades se diseñaron en Europa a raíz de los trabajos anatómicos precursores de científicos como Leonardo da Vinci o Andrea Vesalio. En el siglo XIX, la medicina progresó rápidamente; gran parte de los aparatos e instrumentos que todavía hoy se utilizan en medicina y odontología, desde los estetoscopios hasta las fresas de dentista, se diseñaron en aquella época.

Generador de vapor

Depósito de ácido fénico

Tubo flexible de goma

Mascarilla que se colocaba encima de la boca del paciente; llevaba válvulas para inspirar y espirar.

Antes del descubrimiento de los anestésicos en 1846, la cirugía se realizaba con el paciente totalmente consciente y sensible a los dolores. Para mitigar el sufrimiento, se utilizaba óxido nitroso (el gas de la risa), o bien éter o cloroformo. Los gases se inhalaban mediante una mascarilla facial.

Dentadura de porcelana

Muelle helicoidal

Placa inferior de marfil

Cabezal de la fresa

En la década de 1850, los dentistas aplicaban ya la anestesia para eliminar el dolor. Las primeras fresas de dentista aparecieron hacia 1860.

La fresa de odontología Harrington «Erado», con mecanismo de relojería *(derecha)*, data de hacia 1864. Su propulsión por muelle real le permitía un funcionamiento durante más de dos minutos.

La primera dentadura postiza parecida a las que hoy se utilizan fue confeccionada en Francia en la década de 1780. Ésta de arriba, parcial, data de hacia 1860.

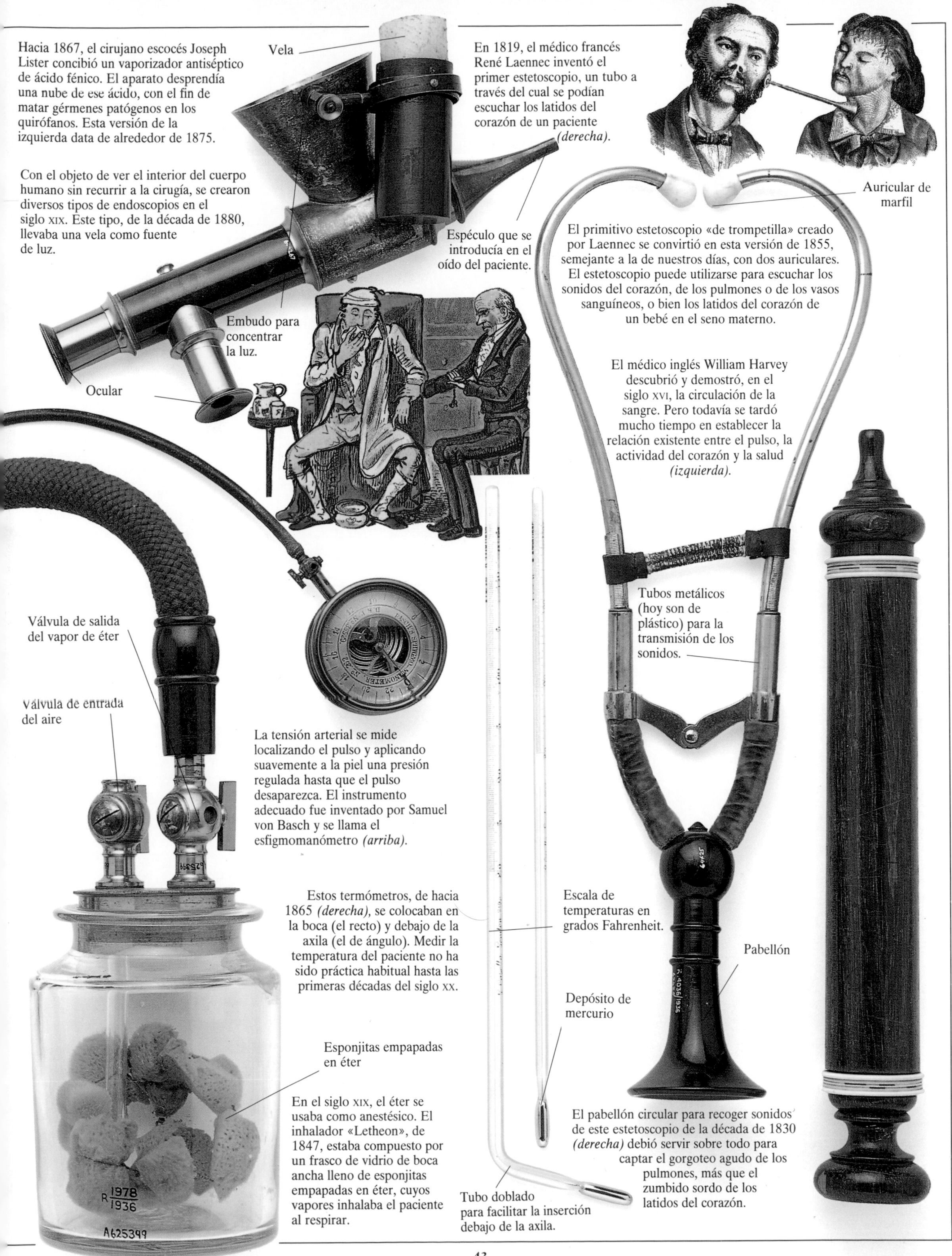

Hacia 1867, el cirujano escocés Joseph Lister concibió un vaporizador antiséptico de ácido fénico. El aparato desprendía una nube de ese ácido, con el fin de matar gérmenes patógenos en los quirófanos. Esta versión de la izquierda data de alrededor de 1875.

Con el objeto de ver el interior del cuerpo humano sin recurrir a la cirugía, se crearon diversos tipos de endoscopios en el siglo XIX. Este tipo, de la década de 1880, llevaba una vela como fuente de luz.

En 1819, el médico francés René Laennec inventó el primer estetoscopio, un tubo a través del cual se podían escuchar los latidos del corazón de un paciente *(derecha).*

El primitivo estetoscopio «de trompetilla» creado por Laennec se convirtió en esta versión de 1855, semejante a la de nuestros días, con dos auriculares. El estetoscopio puede utilizarse para escuchar los sonidos del corazón, de los pulmones o de los vasos sanguíneos, o bien los latidos del corazón de un bebé en el seno materno.

El médico inglés William Harvey descubrió y demostró, en el siglo XVI, la circulación de la sangre. Pero todavía se tardó mucho tiempo en establecer la relación existente entre el pulso, la actividad del corazón y la salud *(izquierda).*

La tensión arterial se mide localizando el pulso y aplicando suavemente a la piel una presión regulada hasta que el pulso desaparezca. El instrumento adecuado fue inventado por Samuel von Basch y se llama el esfigmomanómetro *(arriba).*

Estos termómetros, de hacia 1865 *(derecha),* se colocaban en la boca (el recto) y debajo de la axila (el de ángulo). Medir la temperatura del paciente no ha sido práctica habitual hasta las primeras décadas del siglo XX.

En el siglo XIX, el éter se usaba como anestésico. El inhalador «Letheon», de 1847, estaba compuesto por un frasco de vidrio de boca ancha lleno de esponjitas empapadas en éter, cuyos vapores inhalaba el paciente al respirar.

El pabellón circular para recoger sonidos de este estetoscopio de la década de 1830 *(derecha)* debió servir sobre todo para captar el gorgoteo agudo de los pulmones, más que el zumbido sordo de los latidos del corazón.

El teléfono

DURANTE SIGLOS, los hombres han intentado mandar señales a larga distancia, utilizando hogueras o destellos de espejos con el fin de enviar mensajes. En 1793, el francés Claude Chappe puso el nombre de «telégrafo» (literalmente, escribir a distancia) a su artilugio para comunicaciones. Unos brazos móviles de madera en lo alto de unas torres transmitían números y letras. En los cuarenta años siguientes se fueron creando gracias a la pila de Volta telégrafos eléctricos, y en 1876 Alexander Graham Bell perfeccionó el aparato inventado y bautizado por el alemán Philipp Reis como «teléfono». Con él ya se pudo por vez primera transportar la palabra por cables. La labor realizada por Graham Bell con sordomudos le llevó a interesarse en cómo producían los sonidos vibraciones en el aire. Su investigación acerca de un invento llamado «telégrafo armónico» le hizo descubrir que la corriente eléctrica podía ser modificada de manera que se pareciese a las vibraciones de la voz humana. Ése fue el principio en que se basaron sus trabajos sobre el teléfono.

El norteamericano Alexander Graham Bell (1847-1922) perfeccionó el teléfono tras haber ejercido mucho tiempo de profesor de lenguaje para sordomudos. Aquí le vemos inaugurando la línea Nueva York-Chicago.

Estas dos personas están utilizando un equipo primitivo Edison para poder hablar por sus teléfonos. Manejan dos dispositivos diferentes: a la izquierda, un microteléfono único, moderno, y a la derecha un aparato antiguo, de dos piezas, una para escuchar y otra para hablar. Entonces, todas las llamadas tenían que hacerse a través de operador(a).

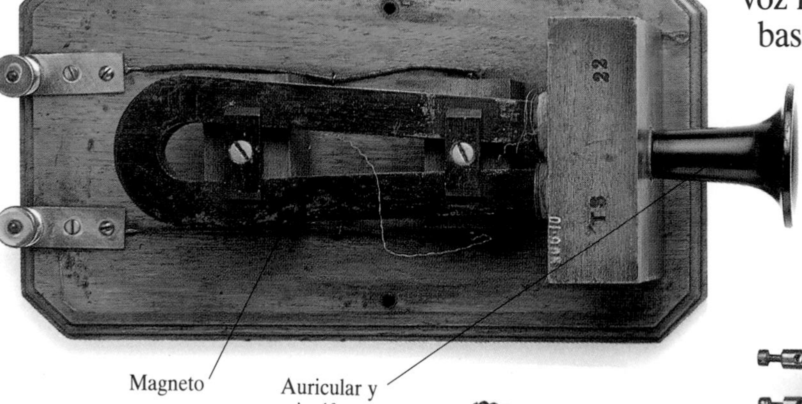

Magneto

Auricular y micrófono combinados.

Los primeros modelos como la «caja telefónica» de Bell, de 1876-1877, llevaban una trompetilla que era a la vez micrófono y auricular. El instrumento contenía una membrana que vibraba cuando alguien hablaba delante de la embocadura. La vibración modificaba la corriente que iba por un cable y el receptor reconvertía la corriente en forma de vibraciones que podían oírse.

Alambre enrollado

Diafragma de hierro

En este auricular de hacia 1878, una corriente fluctuante que pasaba a través de un alambre arrollado hacía que el diafragma de hierro vibrase para producir sonidos.

En 1877, Thomas A. Edison diseñó varios tipos de micrófonos y auriculares. El modelo de la izquierda se colgaba en un gancho especial que desconectaba la línca al acabar la conversación.

El telégrafo

El telégrafo, precursor del teléfono, permitía enviar a través de un cable unas señales convenidas. Los primeros telégrafos se aplicaron en los ferrocarriles para conocer la situación de los trenes en las vías. Luego, sirvieron para comunicar entre sí las grandes ciudades.

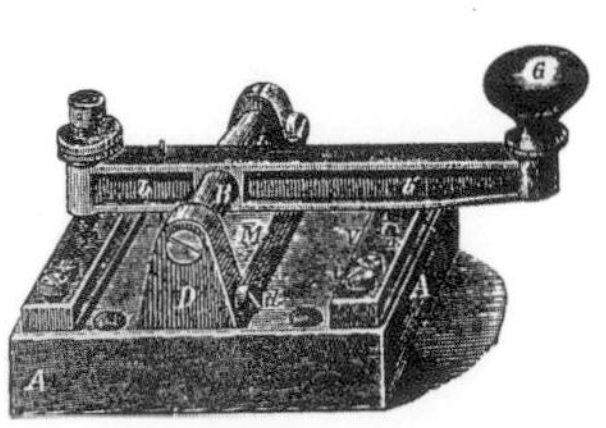

Con el manipulador Morse *(izquierda)* se podían enviar señales cortas y largas, llamadas puntos y rayas, codificadas. Con el sistema Cooke & Wheatstone *(derecha)*, la corriente eléctrica desplazaba unas agujas imantadas que así apuntaban a las diferentes letras.

Los primeros cables telefónicos llevaban alambre de cobre forrado de vidrio. Los cables de hierro se usaron por su mayor robustez, en especial en los tendidos aéreos.

Este teléfono de pared de 1879, inventado por Edison, llevaba un micrófono y un auricular diseñados por él. El abonado tenía que girar la manivela al escuchar. La campanilla sonaba para indicar que había una llamada o que se había efectuado la debida conexión.

Las primeras comunicaciones telefónicas eran manuales. Una de las docenas de operadoras de la central anotaba el número del abonado y el del destinatario, y para cerrar el circuito eléctrico adecuado introducía sendas clavijas en los paneles.

Hacia 1885 se combinaron el micrófono y el auricular para formar el microteléfono de mano. Al principio eran de metal, pero hacia 1929 ya pasaron a ser de «pasta» (ebonita) y luego de plástico.

El micrófono lleva una cápsula de gránulos de carbón que las ondas sonoras comprimen y aflojan, creando una corriente eléctrica de intensidad variable.

Algunos de los aparatos telefónicos de las décadas de 1920 y 1930 llevaban ya un disco para marcar los números a través de una centralita automática.

Estos teléfonos «de cuna» eran populares en la década de 1890. El que vemos data de 1937, época en la cual ya había un servicio telefónico transatlántico entre Londres y Nueva York.

La grabación del sonido

El SONIDO FUE GRABADO por primera vez en 1877 en un repetidor telefónico ideado por Thomas A. Edison. Aquel dispositivo grababa vibraciones sonoras en forma de muescas en una hoja de papel que giraba en un cilindro. Edison realizó la primera prueba en su máquina pronunciando «Hallo!» en la embocadura. Cuando el papel era recorrido por un estilete fijado en el centro de un diafragma, se reproducía la palabra. Este método mecánico-acústico para grabar sonidos siguió practicándose, en rollos o en discos, hasta que en la década de 1920 aparecieron los sistemas eléctricos. Los principios magnéticos se aplicaron a mejorar los procedimientos de grabación, que recibieron gran impulso comercial a partir de 1935, con el lanzamiento de la cinta plástica y, después, en la década de 1960, con la llegada de la microelectrónica (ver pág. 62).

Hacia 1877, Edison creó unos dispositivos separados para grabar y para reproducir. Los sonidos recogidos por una bocina hacían que el diafragma vibrase, y que el estilete conectado a él produjese unas muescas en una hoja fina de papel de estaño arrollada alrededor del tambor de grabación. Luego se ponía la aguja reproductora con su diafragma en contacto con la hoja, y mediante la rotación del tambor se reproducían los sonidos.

Embocadura (sin la bocina)

Eje de tracción, con rosca sin fin para que toda la longitud de la hoja pasase debajo del estilete.

Tambor de latón, al que se arrollaba una hoja de estaño.

Corte transversal, en el que se ve la aguja tocando al cilindro.

Posición de la bocina

Fonógrafo de Edison *(abajo)*, en el que se muestran las posiciones de la aguja y la bocina.

El mecanismo de reproducción consistía en una aguja de acero en contacto con un fino diafragma de hierro. La montura de madera se levantaba, con el fin de que la aguja estuviera en contacto directo con la hoja de estaño según giraba. Las vibraciones de las muescas en los surcos de la hoja pasaban al diafragma, que con ese movimiento arriba y abajo creaba ondas sonoras.

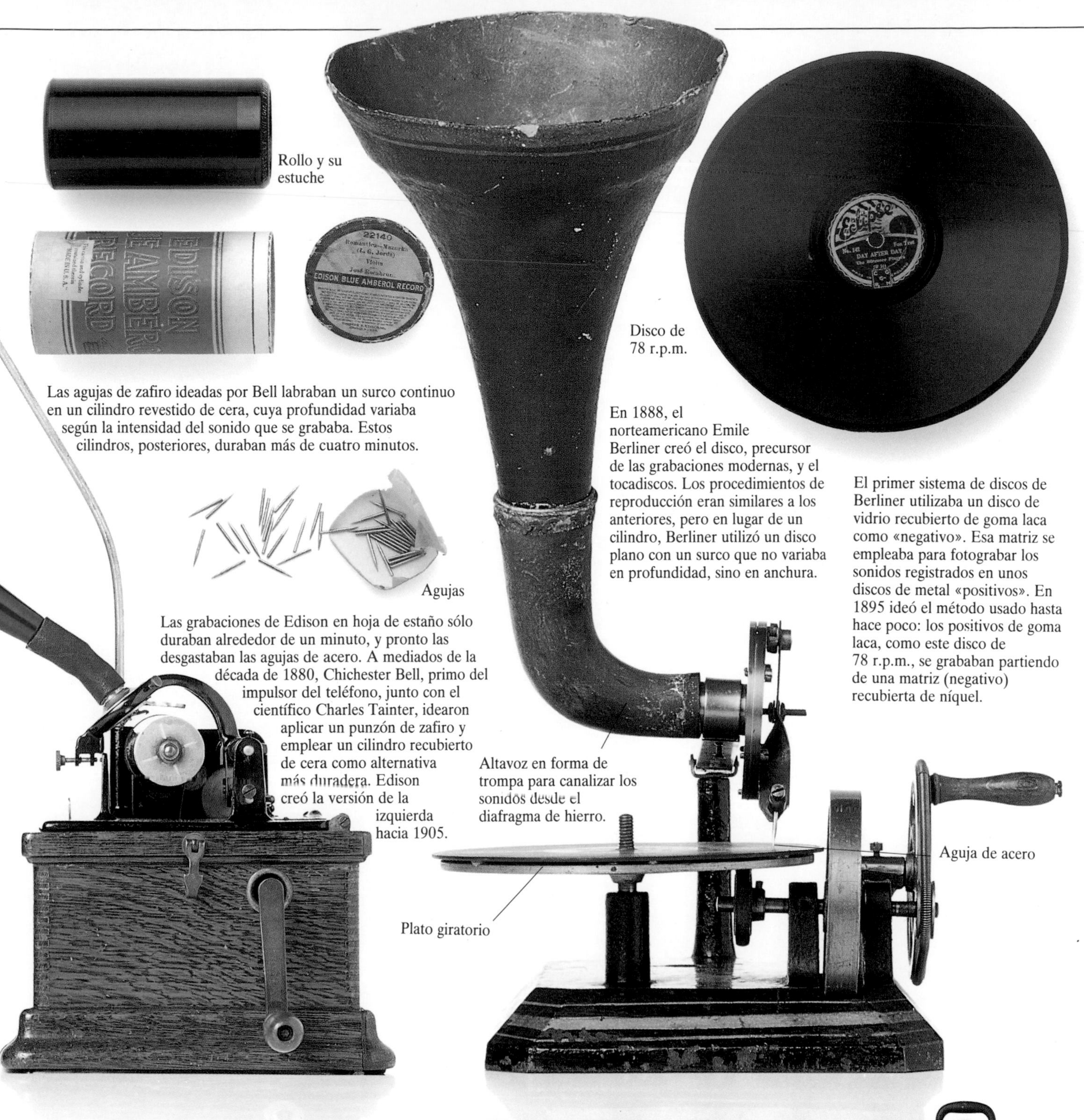

Rollo y su estuche

Disco de 78 r.p.m.

Las agujas de zafiro ideadas por Bell labraban un surco continuo en un cilindro revestido de cera, cuya profundidad variaba según la intensidad del sonido que se grababa. Estos cilindros, posteriores, duraban más de cuatro minutos.

Agujas

En 1888, el norteamericano Emile Berliner creó el disco, precursor de las grabaciones modernas, y el tocadiscos. Los procedimientos de reproducción eran similares a los anteriores, pero en lugar de un cilindro, Berliner utilizó un disco plano con un surco que no variaba en profundidad, sino en anchura.

El primer sistema de discos de Berliner utilizaba un disco de vidrio recubierto de goma laca como «negativo». Esa matriz se empleaba para fotograbar los sonidos registrados en unos discos de metal «positivos». En 1895 ideó el método usado hasta hace poco: los positivos de goma laca, como este disco de 78 r.p.m., se grababan partiendo de una matriz (negativo) recubierta de níquel.

Las grabaciones de Edison en hoja de estaño sólo duraban alrededor de un minuto, y pronto las desgastaban las agujas de acero. A mediados de la década de 1880, Chichester Bell, primo del impulsor del teléfono, junto con el científico Charles Tainter, idearon aplicar un punzón de zafiro y emplear un cilindro recubierto de cera como alternativa más duradera. Edison creó la versión de la izquierda hacia 1905.

Altavoz en forma de trompa para canalizar los sonidos desde el diafragma de hierro.

Aguja de acero

Plato giratorio

El magnetófono

En 1898, el inventor danés Valdemar Poulsen construyó el aparato grabador magnético. Las grabaciones se hacían en cuerda de piano, de alambre de acero. En la década de 1930, dos compañías alemanas, la Telefunken y la I. G. Farben, lanzaron al mercado una cinta de plástico revestida de óxido de hierro magnético, producto que pronto desbancó a los alambres y las cintas de acero.

Este telegráfono de Poulsen, de 1903, grababa y reproducía el sonido por electricidad. El aparato se utilizó sobre todo para labores de dictado y de recogida de mensajes telefónicos. El sonido quedaba grabado en alambre.

Esta grabadora de cinta magnetofónica *(arriba)*, de hacia 1950, tiene tres cabezales, uno para borrar grabaciones, otro para grabar y el tercero para reproducir.

El motor de explosión

EL MOTOR DE EXPLOSIÓN, o de combustión interna, provocó en el transporte una revolución casi tan grande como la motivada por la rueda. Por vez primera, se disponía de un mecanismo pequeño y suficientemente eficaz, lo cual llevó a la producción de todo tipo de vehículos, desde automóviles a aviones. Dentro de un motor de explosión, se quema un combustible para producir energía. El combustible arde dentro de un tubo llamado cilindro. Durante la combustión se forman gases calientes que empujan a un pistón (o émbolo) que al bajar en el cilindro actúa sobre una biela. El movimiento del pistón genera la energía necesaria para mover ruedas o una maquinaria. El primer motor práctico de explosión fue construido por el ingeniero francés Étienne Lenoir (1822-1900), y funcionaba a gas. El ingeniero alemán Nikolaus Otto (1832-1891) diseñó en 1876 un motor mejorado. Es el de cuatro tiempos, que aprovecha los cuatro movimientos del pistón para producir energía. El motor de cuatro tiempos fue perfeccionado por los alemanes Gottlieb Daimler y Karl Benz, y ello condujo a la construcción del primer automóvil en 1886.

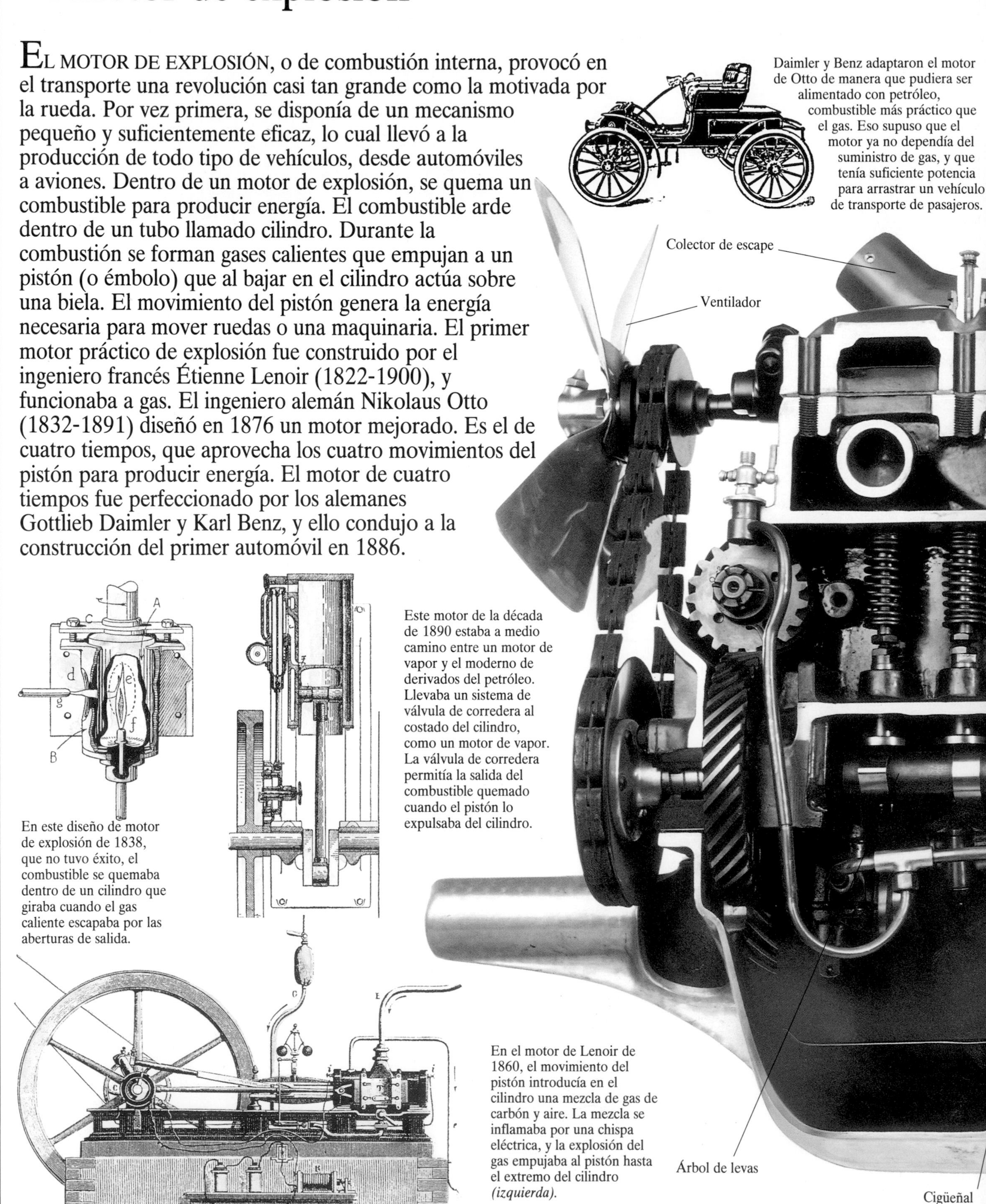

Daimler y Benz adaptaron el motor de Otto de manera que pudiera ser alimentado con petróleo, combustible más práctico que el gas. Eso supuso que el motor ya no dependía del suministro de gas, y que tenía suficiente potencia para arrastrar un vehículo de transporte de pasajeros.

En este diseño de motor de explosión de 1838, que no tuvo éxito, el combustible se quemaba dentro de un cilindro que giraba cuando el gas caliente escapaba por las aberturas de salida.

Este motor de la década de 1890 estaba a medio camino entre un motor de vapor y el moderno de derivados del petróleo. Llevaba un sistema de válvula de corredera al costado del cilindro, como un motor de vapor. La válvula de corredera permitía la salida del combustible quemado cuando el pistón lo expulsaba del cilindro.

En el motor de Lenoir de 1860, el movimiento del pistón introducía en el cilindro una mezcla de gas de carbón y aire. La mezcla se inflamaba por una chispa eléctrica, y la explosión del gas empujaba al pistón hasta el extremo del cilindro *(izquierda)*.

En el ciclo de cuatro tiempos *(derecha),* durante la fase de admisión, el pistón se mueve hacia abajo, aspirando la mezcla carburante-aire dentro del cilindro a través de la válvula de entrada abierta. En la fase de compresión, el pistón se desplaza para comprimir la mezcla; la chispa de la bujía inflama la mezcla en lo alto de la carrera del pistón. Durante la fase de explosión, el carburante encendido se expansiona y empuja al pistón hacia abajo. Y en la fase de escape, el pistón sube, obligando al carburante quemado a salir por la válvula de escape abierta.

El Ford modelo T de 1908 *(derecha),* fue el primer automóvil producido en masa. Al cesar su producción en 1927, se habían fabricado más de 15 millones de ejemplares. Hacia 1910, las características principales de los automóviles muy posteriores ya habían quedado establecidas: un motor de cuatro tiempos montado en la delantera, y cuya energía se comunicaba a las ruedas traseras mediante el árbol de transmisión.

Este motor Morris de 1925 es la unidad básica de energía para un coche familiar. Sus cuatro cilindros en línea llevan pistones de aluminio. Las válvulas son abiertas por unos vástagos de presión movidos por un árbol de levas, y cerradas por unos muelles. La energía se transmite mediante el cigüeñal a la caja de cambios. El embrague desconecta el motor de la caja de cambios cuando el conductor cambia de velocidad.

El cine

EN 1824, EL DOCTOR INGLÉS P. M. Roget fue el primero en exponer el fenómeno de la «persistencia de la visión». Hizo observar que si se contempla un objeto en una serie de posturas muy similares, y en rápida secuencia, nuestros ojos tienden a ver un único objeto en movimiento. Poco se tardó en comprobar que se podía crear una imagen móvil mediante una serie de imágenes fijas, y al cabo de unos diez años, los científicos de todo el mundo idearon variados ingenios para crear esa ilusión. Muchas de esas máquinas no pasaron de ser curiosidades del momento o meros juguetes, pero combinando los perfeccionamientos en los sistemas de iluminación de las linternas mágicas con los avances en la fotografía se lograron muchos progresos en la tecnología del cinema. La primera exhibición pública de imágenes en movimiento creadas por la cinematografía fue llevada a cabo en París, el 28 de diciembre de 1895, por dos hermanos franceses, Auguste y Louis Lumière. Habían inventado una combinación de cámara y proyector, el «cinematógrafo», que impresionaba las imágenes en una cinta de celuloide.

A finales de la década de 1870, el inglés E. Muybridge creó el «zoopraxiscopio», para proyectar imágenes en movimiento en una pantalla. Las imágenes eran una secuencia de dibujos basados en fotografías, pintados en un disco de vidrio que giraba, creando la sensación de movimiento.

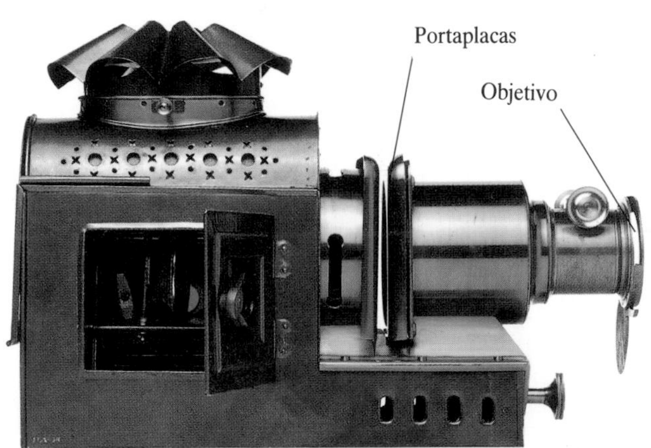

El sistema de los Lumière se empleó en las primeras exhibiciones permanentes en Europa, que tuvieron lugar en los sótanos del Grand Café, de París, en 1895.

Visera para evitar que la luz incidiese en el objetivo.

En una linterna mágica, las imágenes contenidas en una diapositiva transparente se proyectaban en una pantalla a través de un objetivo y mediante una fuente de luz. Las primeras linternas mágicas utilizaban una vela; después, se usaron mecheros de calcio o arcos voltaicos para conseguir una iluminación más intensa.

Los hermanos Lumière fueron de los primeros que exhibieron imágenes proyectadas en movimiento. Su «cinematógrafo» era similar a una linterna mágica, pero proyectaba imágenes contenidas en una película continua, o *film*.

Productor primitivo de películas, en acción

En la década de 1880, Muybridge realizó centenares de secuencias de fotografías que mostraban a animales o personas en movimiento. Disponía de 12 o más cámaras en hilera, y utilizaba obturadores electromagnéticos que disparaban en el momento preciso a intervalos de fracciones de segundo cuando el sujeto se movía delante de ellas.

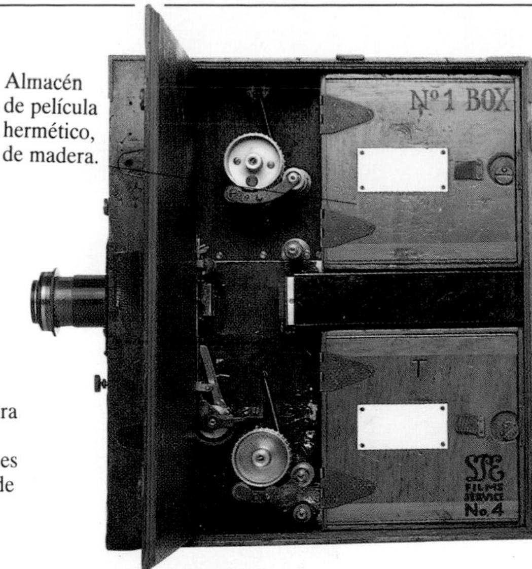

Tanto en la cámara como en el proyector, la película pasaba a una cadencia de entre 16 y 24 imágenes por segundo. Muchos metros de película se necesitaban para filmes breves que apenas duraban unos minutos. Esta cámara inglesa de 1909 *(derecha)* llevaba dos almacenes para 120 m de película. La película salía del almacén de arriba, pasaba por la ventanilla y era recogida en el almacén de abajo.

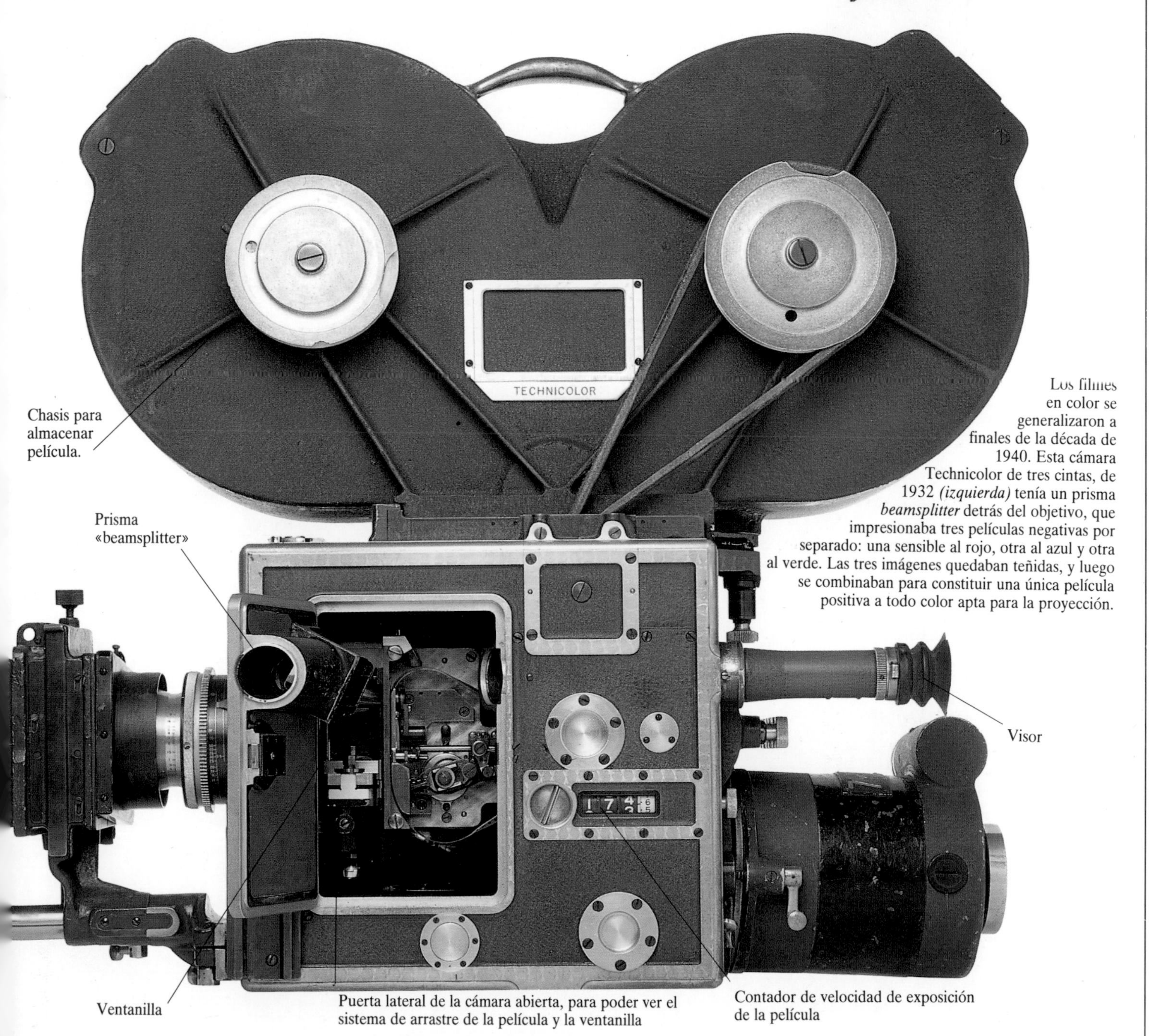

Los filmes en color se generalizaron a finales de la década de 1940. Esta cámara Technicolor de tres cintas, de 1932 *(izquierda)* tenía un prisma *beamsplitter* detrás del objetivo, que impresionaba tres películas negativas por separado: una sensible al rojo, otra al azul y otra al verde. Las tres imágenes quedaban teñidas, y luego se combinaban para constituir una única película positiva a todo color apta para la proyección.

La radio

EL ITALIANO GUGLIELMO MARCONI, haciendo experimentos en el desván de su casa paterna, cerca de Bolonia, descubrió la primera radio. Fascinado por la idea de utilizar las ondas hertzianas, o radioeléctricas, para enviar mensajes por los aires, creó un invento que iba a cambiar la faz del mundo, al hacer posibles las comunicaciones inalámbricas a larga distancia y transformar todo lo referente a entretenimientos. A modo de transmisor, empleó un generador de chispas eléctricas, o «resonador», inventado por el alemán Heinrich Hertz. Las ondas radioeléctricas de ese resonador eran detectadas por un «cohesor», invento del francés Édouard Branly. El cohesor transformaba las ondas de radio en corriente eléctrica. Marconi logró que sonase un timbre eléctrico enviando señales de radio a través de una habitación. Eso sucedió en 1894. Ocho años después, enviaba mensajes radiotelegráficos a 4.800 km a través del Atlántico.

En 1888, el físico alemán Heinrich Hertz logró que saltasen chispas eléctricas entre unos pares de esferas metálicas, creando una corriente oscilante en un circuito cerrado. Hertz estudió las ondas electromagnéticas, un tipo de radiación que incluye la luz visible, las ondas de radio, los rayos X, los rayos infrarrojos y los rayos ultravioleta.

Los primeros receptores de radio eran muy poco sensibles. En 1904, el inglés John Ambrose Fleming utilizó un diodo (válvula con dos electrodos) para mejorar la captación de ondas hertzianas. Era una válvula, o lámpara, de tipo termiónico (del griego «termo», calor, e «ión», partícula atómica con carga eléctrica). Los diodos convierten las corrientes alternas en continuas, para su utilización en circuitos eléctricos.

En 1906, De Forest inventó las lámparas termiónicas que, como este triodo de 1908, poseen un tercer electrodo. Permiten amplificar los mensajes telefónicos y microfónicos. Las señales amplificadas se combinan con unas ondas de radio específicas, llamadas ondas portadoras, y así pueden ser transmitidas a larga distancia.

Cuando las estaciones de radio empezaron a emitir, a comienzos de la década de 1920, los radioescuchas sintonizaban con ellas mediante unos receptores formados por cristales de silicio o de galena, y unos alambres muy finos y tiesos llamados popularmente «bigotes de gato». Las señales de la radio eran débiles, por lo que, además de antenas, había que utilizar auriculares. Contenían sendos altavoces pequeños que convertían la corriente variante en ondas radioeléctricas, para reproducir las emisiones.

La radio descubierta por Marconi fue el primer sistema práctico de telegrafía sin hilos, que hizo posible la comunicación ininterrumpida a través de tierras y mares.

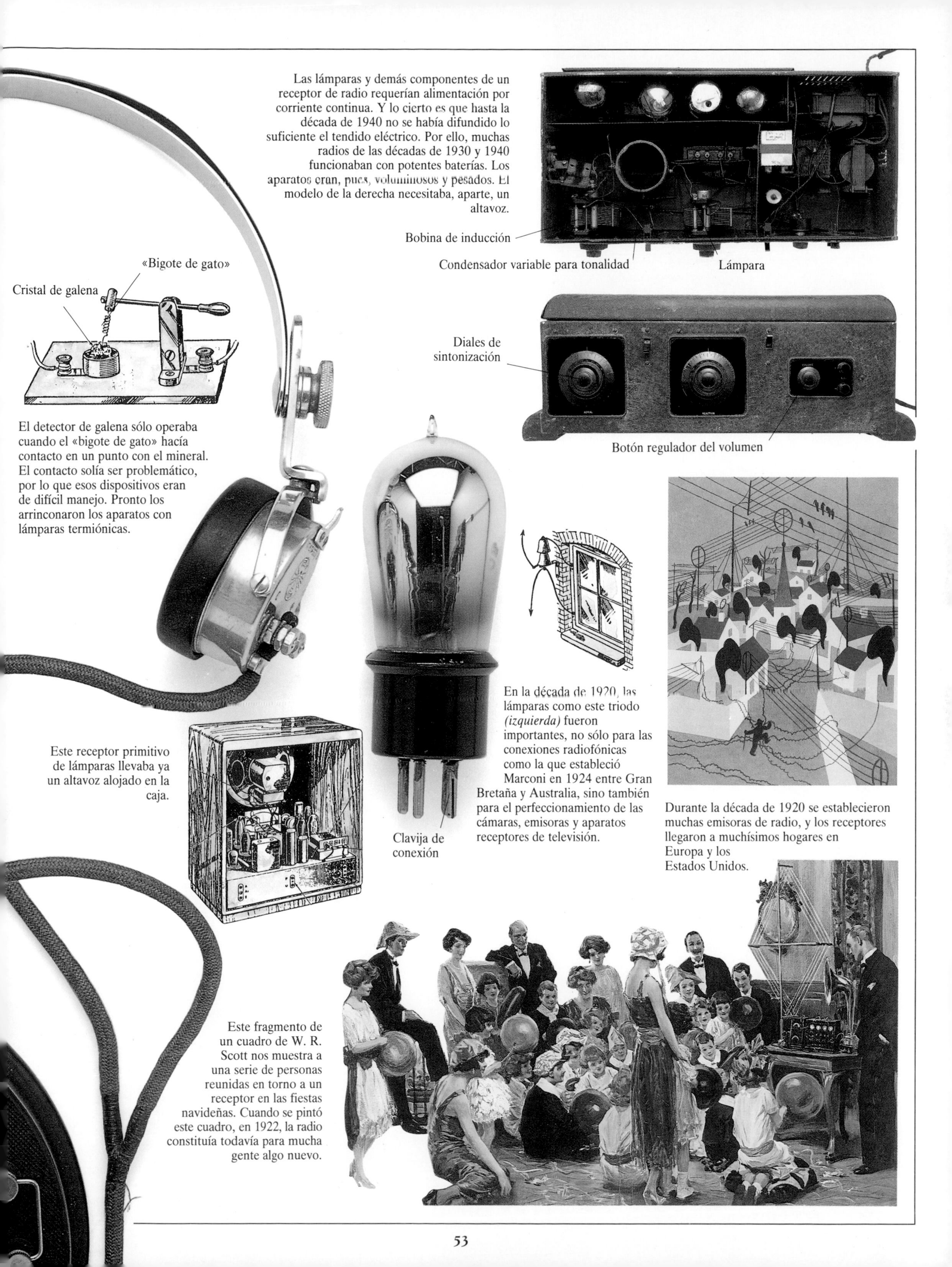

Las lámparas y demás componentes de un receptor de radio requerían alimentación por corriente continua. Y lo cierto es que hasta la década de 1940 no se había difundido lo suficiente el tendido eléctrico. Por ello, muchas radios de las décadas de 1930 y 1940 funcionaban con potentes baterías. Los aparatos eran, pues, voluminosos y pesados. El modelo de la derecha necesitaba, aparte, un altavoz.

El detector de galena sólo operaba cuando el «bigote de gato» hacía contacto en un punto con el mineral. El contacto solía ser problemático, por lo que esos dispositivos eran de difícil manejo. Pronto los arrinconaron los aparatos con lámparas termiónicas.

En la década de 1920, las lámparas como este triodo *(izquierda)* fueron importantes, no sólo para las conexiones radiofónicas como la que estableció Marconi en 1924 entre Gran Bretaña y Australia, sino también para el perfeccionamiento de las cámaras, emisoras y aparatos receptores de televisión.

Durante la década de 1920 se establecieron muchas emisoras de radio, y los receptores llegaron a muchísimos hogares en Europa y los Estados Unidos.

Este receptor primitivo de lámparas llevaba ya un altavoz alojado en la caja.

Este fragmento de un cuadro de W. R. Scott nos muestra a una serie de personas reunidas en torno a un receptor en las fiestas navideñas. Cuando se pintó este cuadro, en 1922, la radio constituía todavía para mucha gente algo nuevo.

Inventos para el hogar

EL CIENTÍFICO INGLÉS MICHAEL FARADAY (1791-1867) descubrió en 1831 la manera de producir electricidad mediante la dinamo. Muchos años antes se había empezado a aplicar la electricidad al hogar. Las grandes casas y las fábricas instalaron sus propios generadores y empleaban la corriente para el alumbrado. La lámpara eléctrica de filamento, o bombilla, ya estaba acreditada en 1879. La primera gran central eléctrica se construyó en Nueva York en 1882. Gradualmente, según se fue convenciendo el público de las ventajas de su utilización para ahorrar trabajo en el hogar, los artilugios mecánicos, como la antigua aspiradora por vacío, fueron sustituidos por versiones eléctricas más prácticas. A medida que las clases medias fueron prescindiendo cada vez más del servicio doméstico, se fueron popularizando más y más los aparatos para aliviar las labores hogareñas. Los motores eléctricos se aplicaron a las batidoras y los secadores de pelo hacia 1920. Las teteras, las cocinas y las estufas que aprovechaban el efecto calorífico de una corriente eléctrica también aparecieron por aquella época. Algunos de aquellos aparatos tenían un diseño muy semejante al de los actuales.

La primera descripción de un retrete con cisterna y sifón, o «water closet», fue publicada por sir John Harrington en 1596. Pero la idea no pudo cuajar hasta que se instalaron las redes de alcantarillado general en las grandes ciudades. El alcantarillado de Londres, por ejemplo, no funcionó como es debido hasta la década de 1860. Por aquellas fechas, ya se habían patentado varias versiones del W.C.

Los refrigeradores eléctricos, o neveras, aparecieron en la década de 1920, y revolucionaron el almacenamiento de los alimentos.

En la tetera automática de 1904, unas palancas y unos muelles, más el vapor producido por el recipiente, activaban las etapas del proceso de preparación del té. Una campanilla avisaba que la infusión estaba lista.

Antes del siglo XIX, para cocinar los alimentos había que encender un fuego de leña o carbón. Hacia 1879 se diseñó una cocina eléctrica en la que los alimentos eran sometidos al calor generado por la corriente que pasaba por unas resistencias, encima de los cuales se colocaban las cacerolas o sartenes. En la década de 1890, las fuentes de calor estaban formadas por unas placas de hierro con las resistencias por debajo. Los dispositivos modernos, que pueden adoptar cualquier forma, empezaron a utilizarse en la década de 1920.

La tetera eléctrica Swan, de 1921, era la primera con un elemento calorífero totalmente sumergido. Los primeros modelos tenían las resistencias en un compartimento del fondo de la tetera, y así se desperdiciaba gran cantidad de calor.

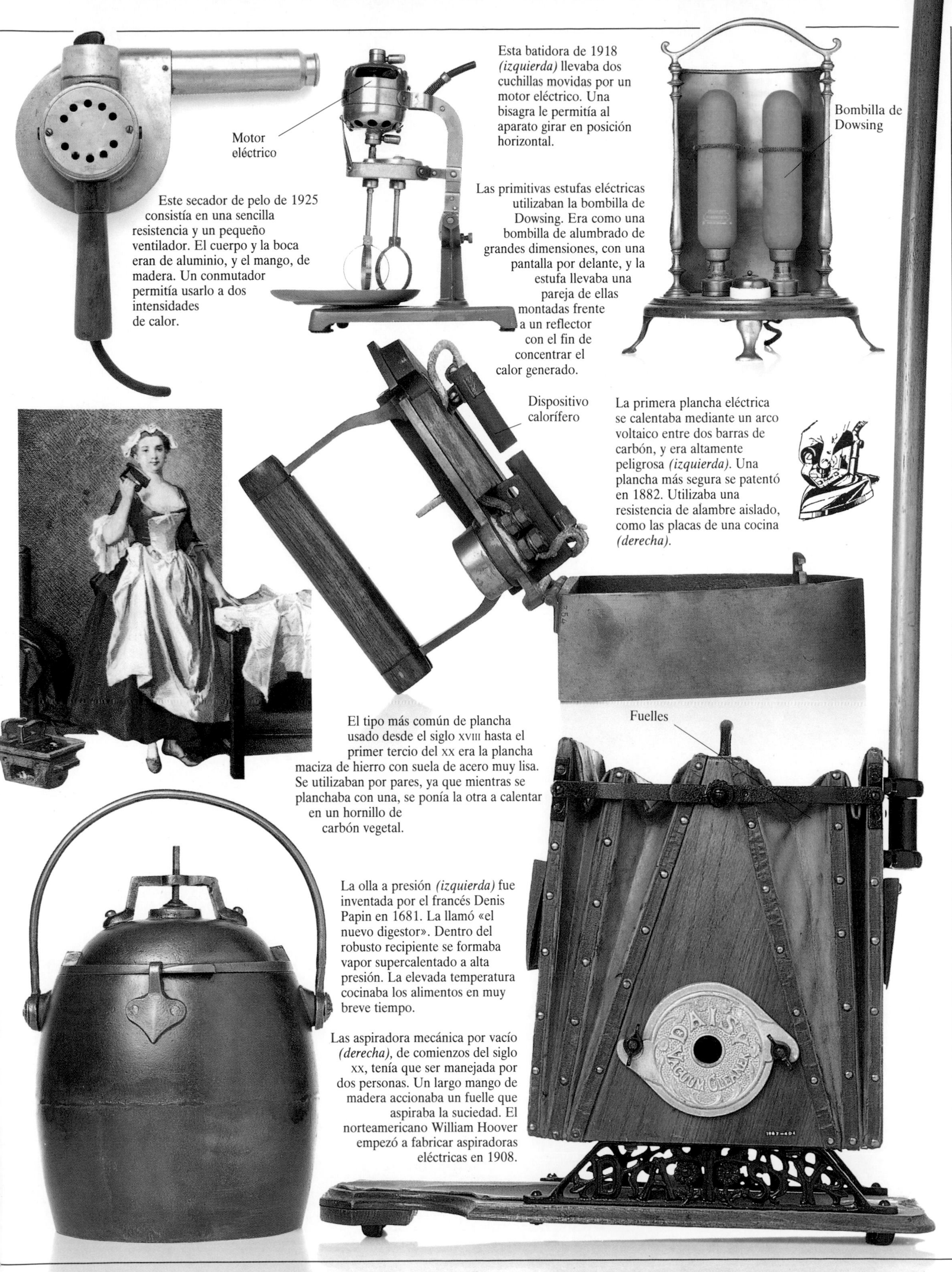

Esta batidora de 1918 *(izquierda)* llevaba dos cuchillas movidas por un motor eléctrico. Una bisagra le permitía al aparato girar en posición horizontal.

Este secador de pelo de 1925 consistía en una sencilla resistencia y un pequeño ventilador. El cuerpo y la boca eran de aluminio, y el mango, de madera. Un conmutador permitía usarlo a dos intensidades de calor.

Las primitivas estufas eléctricas utilizaban la bombilla de Dowsing. Era como una bombilla de alumbrado de grandes dimensiones, con una pantalla por delante, y la estufa llevaba una pareja de ellas montadas frente a un reflector con el fin de concentrar el calor generado.

La primera plancha eléctrica se calentaba mediante un arco voltaico entre dos barras de carbón, y era altamente peligrosa *(izquierda)*. Una plancha más segura se patentó en 1882. Utilizaba una resistencia de alambre aislado, como las placas de una cocina *(derecha)*.

El tipo más común de plancha usado desde el siglo XVIII hasta el primer tercio del XX era la plancha maciza de hierro con suela de acero muy lisa. Se utilizaban por pares, ya que mientras se planchaba con una, se ponía la otra a calentar en un hornillo de carbón vegetal.

La olla a presión *(izquierda)* fue inventada por el francés Denis Papin en 1681. La llamó «el nuevo digestor». Dentro del robusto recipiente se formaba vapor supercalentado a alta presión. La elevada temperatura cocinaba los alimentos en muy breve tiempo.

Las aspiradora mecánica por vacío *(derecha)*, de comienzos del siglo XX, tenía que ser manejada por dos personas. Un largo mango de madera accionaba un fuelle que aspiraba la suciedad. El norteamericano William Hoover empezó a fabricar aspiradoras eléctricas en 1908.

El tubo de rayos catódicos

EN 1887, EL FÍSICO Y QUÍMICO INGLÉS sir William Crookes estaba investigando las propiedades de la electricidad. Utilizaba un tubo de vidrio que contenía dos placas de metal, los electrodos. Cuando se aplicaba un alto voltaje y se vaciaba el aire del tubo, la electricidad pasaba por entre los electrodos y producía dentro un resplandor. Cuando la presión menguaba (acercándose al vacío), la luz desaparecía, aunque el propio vidrio resplandecía. Crooked denominó a los rayos que causaban ese efecto «rayos catódicos»; eran, en efecto, un flujo invisible de electrones. Más adelante, el alemán Karl Ferdinand Braun inventó un tubo, cuya pared terminal iba recubierta de una substancia que brillaba cuando le incidían los rayos catódicos. Fue el precursor del tubo receptor moderno de la televisión.

El físico alemán Wilhelm Röntgen descubrió los rayos X utilizando un tubo similar al de Crookes en 1895.

Electrones emitidos por el cátodo.

Ánodo con un orificio para crear un haz de electrones.

Placas de metal: una atraía el haz, y otra lo rechazaba.

Pantalla revestida de polvo que brillaba cuando le incidía el haz.

El tubo de Braun de 1897 llevaba dos pares de placas lisas de metal dispuestas transversalmente las unas respecto de las otras. La pantalla estaba revestida de polvo fosforescente. Aplicando determinado voltaje a las placas, Braun dirigía el haz de electrones (llamados rayos catódicos, porque procedían del cátodo) con el fin de crear una gran mancha de luz en la pantalla. Variando el voltaje entre las placas, podía hacer que la mancha se desplazara.

En 1953 se descubrió un sistema de televisión en color, utilizando un tubo de rayos catódicos con tres cañones de electrones —uno para la luz azul, otro para la roja y otro para la verde— y una mascarilla de sombra, una placa perforada que dirige cada haz a su correspondiente punto de fósforo en la pantalla.

Cañón de electrones

Wilhelm Röntgen observó que, además de los rayos catódicos, un tubo emitía otra forma de radiación cuando se aplicaban altos voltajes. A diferencia de los rayos catódicos, esos rayos, a los que llamó X por ser desconocidos, no eran desviados por las placas con carga eléctrica ni por los magnetos. Atravesaban los objetos y ennegrecían las placas fotográficas *(izquierda)*.

Bobina de inducción para producir alto voltaje

Placa fotográfica que recoge los rayos X que pasan a través de una mano

En 1884, el alemán Paul Nipkow inventó un sistema de discos giratorios perforados que llevan su nombre, con una serie de orificios en espiral para transformar un objeto en una imagen en la pantalla. En 1926, el inventor escocés John Logie Baird (a la derecha, sentado) empleó discos de Nipkow, en lugar de tubos de rayos catódicos, para realizar la primera demostración de televisión en el mundo.

En 1936, la BBC inició su servicio público de televisión de alta definición desde su estudio del Alexandra Palace, de Londres. Al principio, se utilizaron tanto el sistema de Baird como otro que empleaba un tubo de rayos catódicos. Este último dio mejores resultados, y el sistema de Baird se abandonó definitivamente. En 1939, la RCA inauguró el primer servicio de televisión totalmente electrónico en América.

A finales de la década de 1960, la casa japonesa Sony descubrió y patentó el sistema Trinitron, un tubo de rayos catódicos con diseño diferente del tubo de color original de la RCA. Lo cual supuso que así se ha librado de pagar royalties a la firma norteamericana por cada tubo que fabrica.

Hasta la década de 1960, la mayoría de los receptores de televisión producían imágenes en blanco y negro y funcionaban con lámparas (ver pág. 52). El «tubo» consistía en un cañón de electrones que generaba un haz único y barría la pantalla más de 50 veces por segundo. Con los perfeccionamientos técnicos, se fue acortando la longitud del tubo *(abajo)*.

Los primeros aparatos de televisión, como este modelo RCA Victor *(arriba)*, tenían unas pantallas muy pequeñas, pero requerían gran cantidad de componentes adicionales alojados en grandes muebles. En aquella época, muchos aparatos costaban tanto como un coche utilitario.

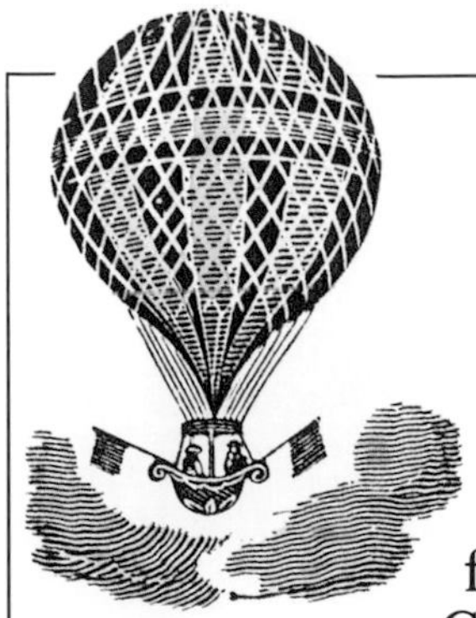

La conquista del aire

Los PRIMEROS SERES que volaron en un artilugio ideado por el hombre fueron un pollo tomatero, un pato y un corderillo. Los embarcaron en un globo de aire caliente diseñado por los hermanos franceses Joseph y Étienne Montgolfier, en septiembre de 1783. Cuando los animales aterrizaron sanos y salvos, los Montgolfier se animaron a enviar a dos amigos suyos, François Pilâtre de Rozier y el marqués de Arlandes, a dar un paseo aéreo de veinticinco minutos por encima de París. Entre los más tempranos pioneros del vuelo con motor están los ingleses William Henson y John Stringfellow, que construyeron un modelo de aeronave propulsada por un motor de vapor en la década de 1840. No sabemos si voló o no: el invento quizá fallase debido al gran peso y la escasa potencia del motor. Pero ese aparato poseía ya muchas de las características del futuro aeroplano, que sí tuvo éxito. Fueron los hermanos norteamericanos Wilbur y Orville Wright los primeros que llevaron a cabo el primer vuelo en un aeroplano con motor. Su *Flyer* de 1903 iba propulsado por un motor de gasolina de poco peso.

El «carruaje aéreo de vapor» de Henson y Stringfellow tenía muchas características que fueron aprovechadas por otros diseñadores posteriores de aeronaves. Tenía la cola separada, con timones de dirección y de profundidad, y las alas poseían un perfil que facilitaba el ascenso. El aparato tenía un extraño aspecto, pero era sorprendentemente práctico.

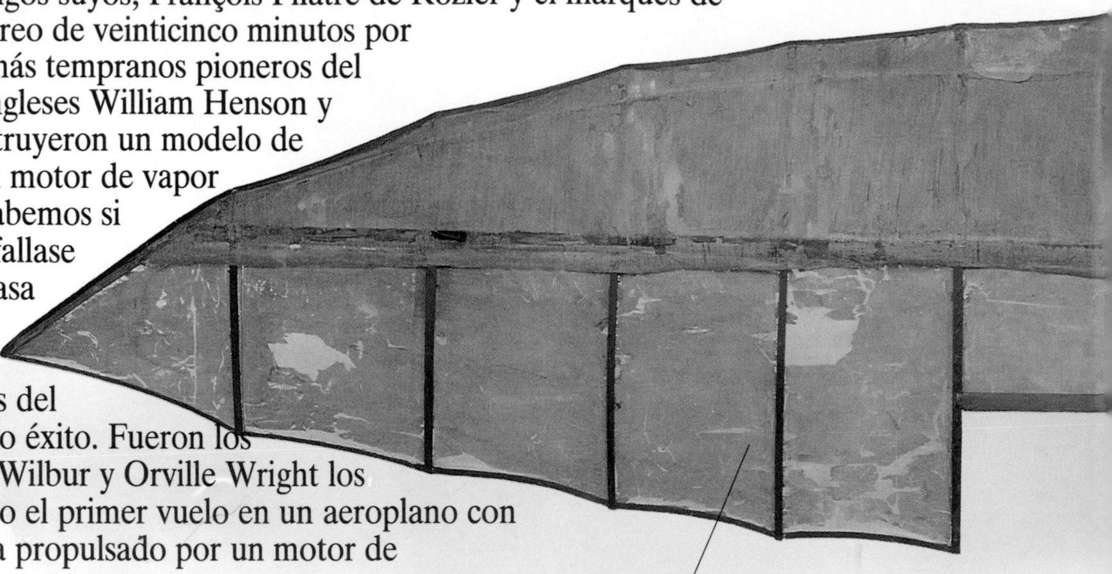

Ala de varillas de madera y plano de lona.

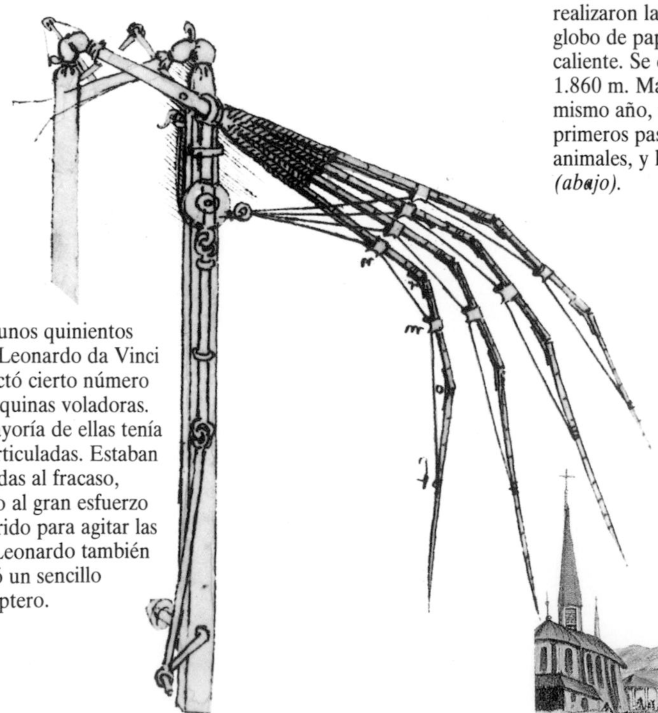

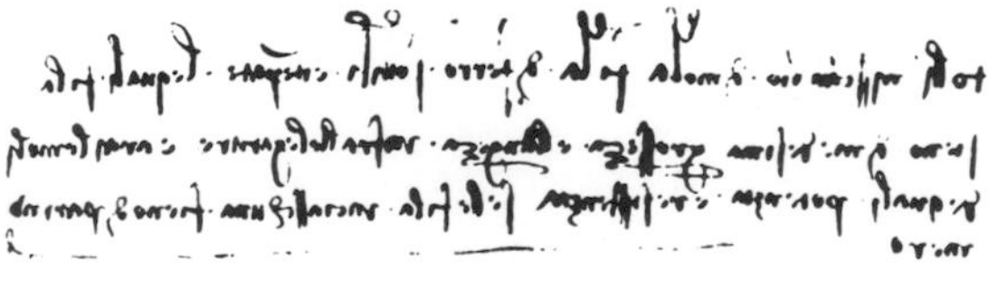

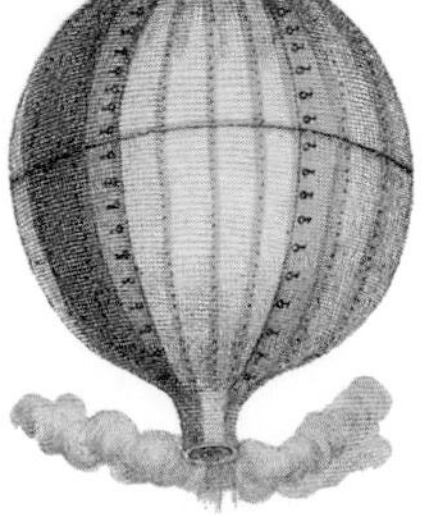

El 4 de junio de 1783, los hermanos Montgolfier realizaron la exhibición de un globo de papel inflado con aire caliente. Se elevó hasta unos 1.860 m. Más adelante, el mismo año, embarcaron a sus primeros pasajeros: primero, animales, y luego, hombres *(abajo).*

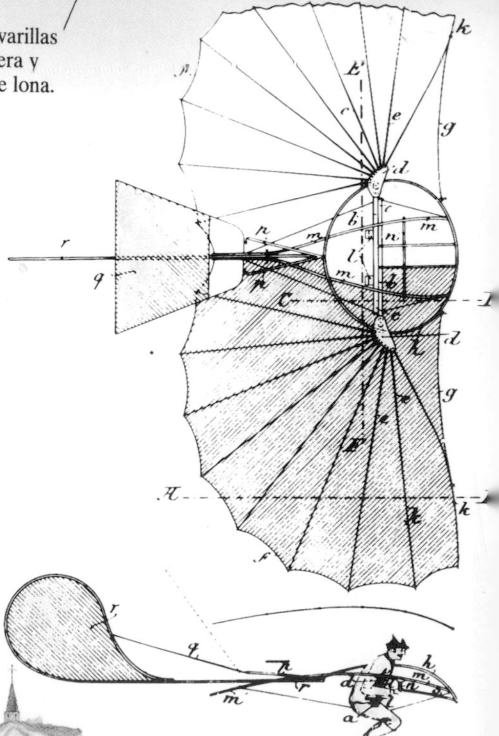

Hace unos quinientos años, Leonardo da Vinci proyectó cierto número de máquinas voladoras. La mayoría de ellas tenía alas articuladas. Estaban abocadas al fracaso, debido al gran esfuerzo requerido para agitar las alas. Leonardo también diseñó un sencillo helicóptero.

El primer planeador pilotado fue construido por el ingeniero alemán Otto Lilienthal *(arriba).* Realizó muchos vuelos entre 1891 y 1896, fecha en que se estrelló al capotar su aparato. Su labor sirvió para demostrar los principios básicos de gobernar un artefacto en el aire.

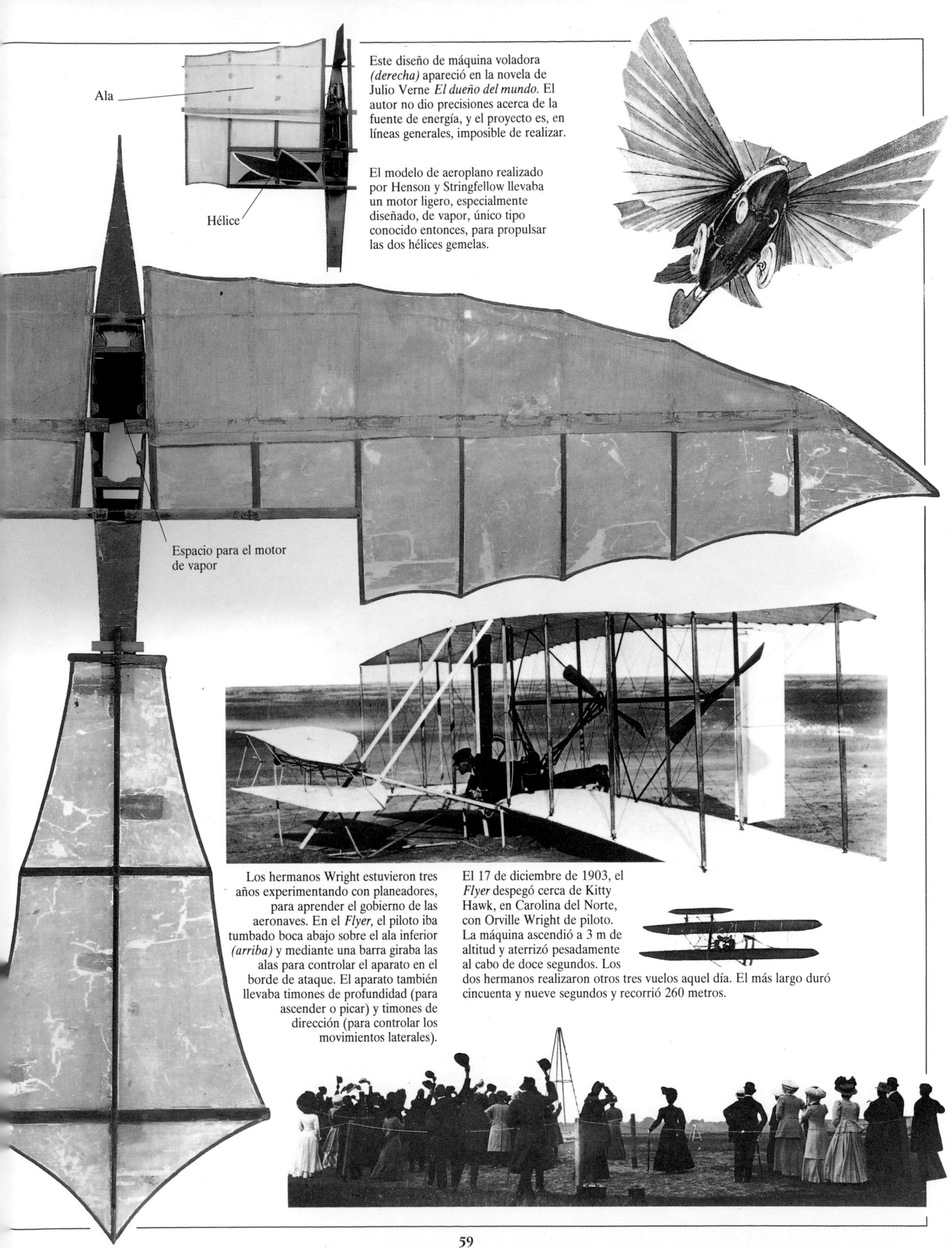

Este diseño de máquina voladora *(derecha)* apareció en la novela de Julio Verne *El dueño del mundo.* El autor no dio precisiones acerca de la fuente de energía, y el proyecto es, en líneas generales, imposible de realizar.

El modelo de aeroplano realizado por Henson y Stringfellow llevaba un motor ligero, especialmente diseñado, de vapor, único tipo conocido entonces, para propulsar las dos hélices gemelas.

Los hermanos Wright estuvieron tres años experimentando con planeadores, para aprender el gobierno de las aeronaves. En el *Flyer,* el piloto iba tumbado boca abajo sobre el ala inferior *(arriba)* y mediante una barra giraba las alas para controlar el aparato en el borde de ataque. El aparato también llevaba timones de profundidad (para ascender o picar) y timones de dirección (para controlar los movimientos laterales).

El 17 de diciembre de 1903, el *Flyer* despegó cerca de Kitty Hawk, en Carolina del Norte, con Orville Wright de piloto. La máquina ascendió a 3 m de altitud y aterrizó pesadamente al cabo de doce segundos. Los dos hermanos realizaron otros tres vuelos aquel día. El más largo duró cincuenta y nueve segundos y recorrió 260 metros.

Los plásticos

EL NOMBRE DE PLÁSTICOS, o materias plásticas, ya indica que son unos materiales a los que se puede dar diversas formas. Al comienzo se utilizaron para confeccionar imitaciones de otros materiales, y entonces se los llamaba «pastas»; pero pronto se echó de ver que poseían cualidades propias muy útiles. Se hacen de moléculas largas, a modo de eslabones, mediante un proceso (llamado polimerización) en el que se funden juntas pequeñas moléculas. Las largas moléculas resultantes confieren a los plásticos sus propiedades específicas. El primer plástico, la parkesina, se consiguió fundiendo juntas moléculas de celulosa, que se hallan en muchísimas plantas. El primer plástico verdaderamente sintético fue la baquelita, inventada en 1909. Los químicos de las décadas de 1920 y 1930 descubrieron métodos para extraer plásticos de sustancias contenidas en el petróleo. Sus esfuerzos se plasmaron en una serie de materiales con diversas propiedades térmicas, y para la electricidad, la óptica o el moldeo. Hoy son de uso común los plásticos como el polietileno, el nailon y los acrílicos, que se trabajan por procedimientos de fusión, moldeo, extrusión, vacío o soplado.

Los primeros plásticos solían adoptar la forma y tacto del marfil, y llevaban nombres como «ivoride» (marfilita). Esos materiales se empleaban para mangos de cuchillos o para peines.

Adorno moldeado

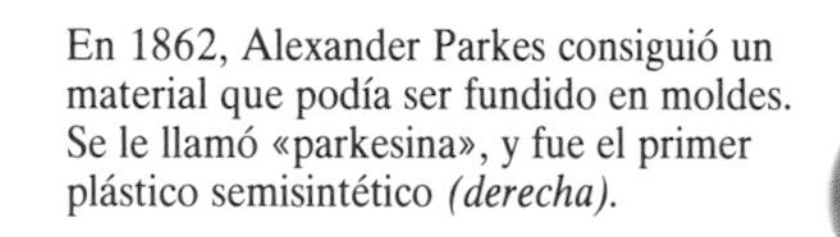

En 1862, Alexander Parkes consiguió un material que podía ser fundido en moldes. Se le llamó «parkesina», y fue el primer plástico semisintético *(derecha)*.

Superficie dura y suave

En la década de 1860 se descubrió un plástico llamado celuloide. Se utilizó para sustituir el marfil en las bolas de billar y para hacer cajitas como esta polvera de la derecha. El nuevo material tuvo al comienzo poco impacto, pero en 1889, George Eastman empezó a usarlo como soporte de la película fotográfica. Por desgracia, tenía la desventaja de que se inflamaba con facilidad y a veces explotaba.

Caja de celuloide

Leo Baekeland, químico belga que trabajaba en los EE.UU., consiguió un plástico obtenido de productos químicos de la brea de hulla. Su plástico, al que se llama baquelita, era diferente de los demás, porque una vez endurecido, no lo podía ablandar el calor.

Los plásticos de las décadas de 1920 y 1930, como el formaldehído úrico, o ureoplasto, eran resistentes, no tóxicos, y podían tomar cualquier color con pigmentos sintéticos. Se los empleó para cajitas, cajas de reloj, teclas de piano y lámparas.

Recipiente de bakelita resistente al calor.

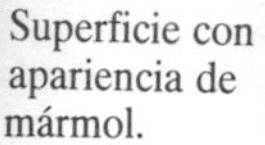

Superficie con apariencia de mármol.

Película fotográfica

Cristales de polietileno

Caja para huevos de poliestireno expandido.

Esponja de imitación

El poliestireno se emplea desde la década de 1920. Se presenta en dos formas: una dura y otra de espuma ligera llena de agujeritos, llamada poliestireno expandido.

Botones y rotulador

Ladrillos de juguete

A los plásticos se les puede dar las más complicadas formas, como esta fina redecilla.

El químico norteamericano Wallace Carothers obtuvo el plástico llamado nailon en 1934. Se puede producir en finísimas hebras, a modo de seda artificial, y puede ser hilado y tejido para hacer medias *(izquierda),* calcetines o telas, o bien retorcido para fabricar cordajes tan fuertes como los cables de acero. Otras fibras artificiales, como los poliésteres, fueron descubiertas en 1941. Las fibras de poliéster pueden también hilarse y tejerse para hacer camisas, pantalones y vestidos.

Hilo de nailon

El nailon ofrece mucha resistencia en poco volumen, lo cual le hace ser ideal para sogas y maromas.

Palita y raqueta infantiles, de polietileno moldeado.

Fibras separadas de nailon.

Llave de tuercas, de plástico

Flor de polietileno

El chip de silicio

LOS PRIMEROS RECEPTORES DE RADIO Y TELEVISIÓN llevaban lámparas (ver pág. 52) para modificar las corrientes eléctricas. Esas lámparas eran voluminosas, tenían vida breve y su producción era muy cara. En 1947, los científicos de los Bell Telephone Laboratories inventaron el transistor, que era mucho menor, más barato y manejable, y hacía los mismos servicios. Con el desarrollo de las naves espaciales, se necesitaban componentes aún menores y, a finales de la década de 1960, a millares de transistores y otros componentes electrónicos les incrustraron múltiples chips de silicio de sólo 5 mm^2. Esos chips pasaron pronto a utilizarse en otros muchos sectores, sustituyendo a los dispositivos mecánicos de control en aparatos que van desde los lavavajillas hasta las cámaras. También han venido a ocupar el lugar de los voluminosos circuitos electrónicos de los ordenadores. Un ordenador que antes ocupaba el espacio de toda una habitación puede ahora tener un tamaño que permite colocarlo encima de una mesita de despacho, o incluso llevarlo en un maletín o cartera de mano. Se ha producido una revolución en la tecnología de la información, ya que los ordenadores se pueden usar ahora para cualquier fin, desde los juegos de marcianitos hasta la gestión de un departamento ministerial.

El antepasado del ordenador fue el «ingenio diferencial» de Charles Babbage, una máquina gigante de calcular. Hoy día, los minúsculos chips hacen la tarea de aquellos aparatosos armatostes.

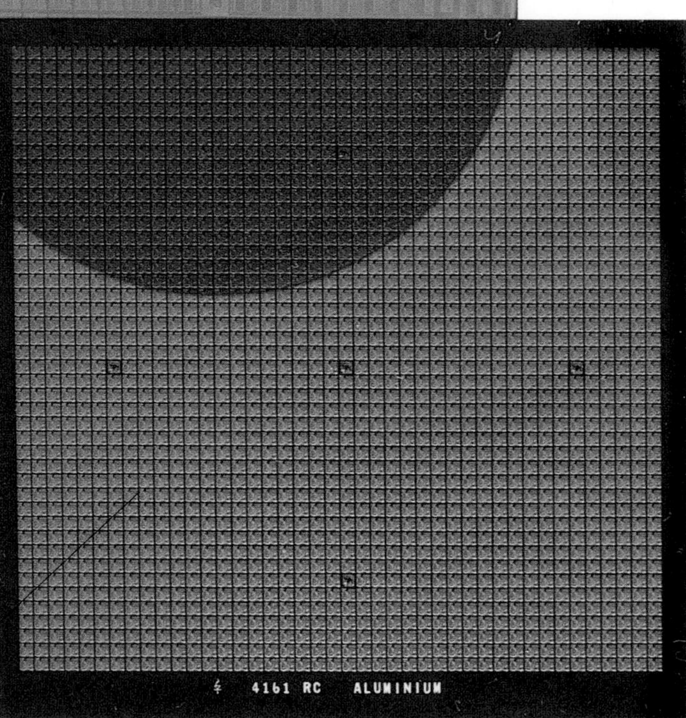

Wafer (oblea) de silicio que contiene varios centenares de chips.

Matriz para las conexiones.

Los componentes y las conexiones eléctricas se insertan en obleas de silicio puro de 0,5 mm de espesor. Primero, se introducen ciertas impurezas químicas en determinadas regiones del silicio, para alterar sus propiedades eléctricas. Luego, se encastran en la cabecera las conexiones de aluminio (equivalentes a los cables convencionales).

El silicio se halla, por lo general, combinado con el oxígeno en la sílice, una de cuyas formas es el cuarzo. El silicio puro es un elemento no metálico de color gris oscuro, duro, y forma cristales.

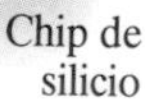

Chip de silicio

Envoltura de plástico

A comienzos de la década de 1970 se crearon diversos tipos de chips para cometidos específicos, como los chips de memoria y los de procesado central. Cada chip de silicio, de escasos milímetros cuadrados, va montado en un cuadro de conexiones y patas, hechas de cobre bañado en oro o estaño. Unos finísimos alambres de oro enlazan los conectores del borde del chip con el marco. El conjunto va alojado en un bloque aislante de plástico.

Conectores del cuadro de circuito impreso.

En un cuadro de circuito impreso (en inglés, PCB), el cobre que rodea las pistas va incrustrado en un soporte aislante. Los componentes, incluidos los chips de silicio, se remachan o sueldan en unos orificios del PCB.

Los ordenadores son esenciales en las naves espaciales como el satélite que abajo vemos. En ellos, el chip de silicio permite alojar los dispositivos de control en el limitado espacio que hay a bordo.

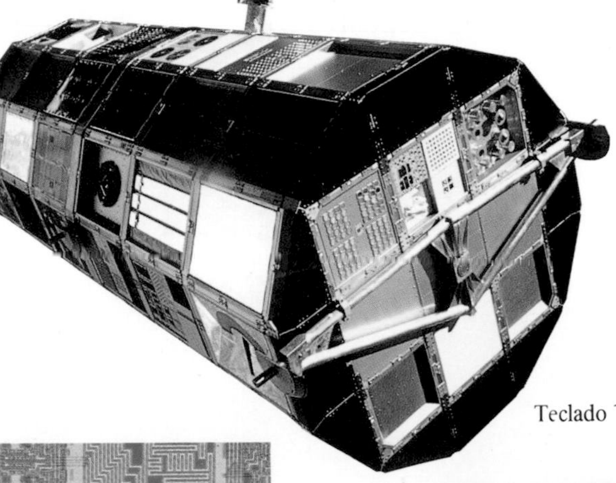

En la década de 1970 se produjo el gran auge de los ordenadores. En los EE.UU., la firma Commodore lanzó el PET, uno de los primeros ordenadores personales producidos en masa. Se utilizó, sobre todo, en comercios, oficinas y escuelas.

Pantalla (en inglés, VDU).

commodore professional computer 2001 Series

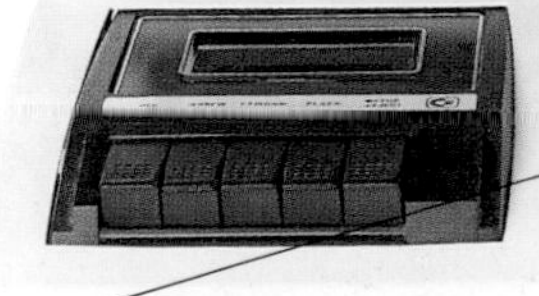

Teclado

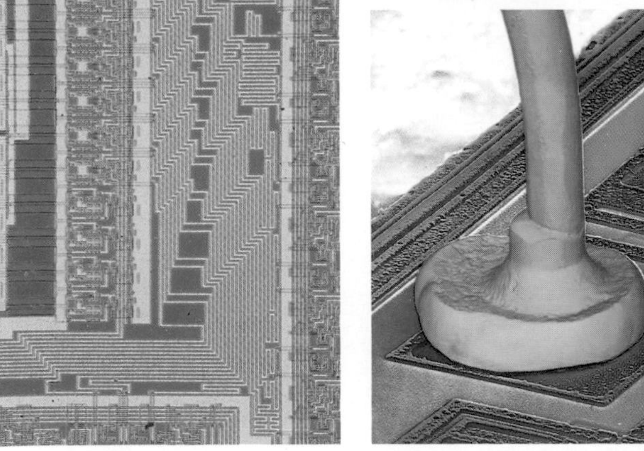

Vistos al microscopio, los circuitos de un chip tienen el aspecto de una red de pistas de aluminio e islas de silicio, tratadas para conducir electricidad.

Una vista ampliada nos muestra los cables del conector fijados al silicio. Para soldar los hilillos al chip ha sido preciso utilizar robots, ya que los componentes son minúsculos y han de quedar correctamente colocados.

Estas tarjetas de plástico contienen un chip de silicio programado con los datos de una cuenta corriente bancaria. Cada vez que se realiza una operación, el procesador de tarjetas verifica su propia seguridad y el límite de crédito del cliente, e instantáneamente registra el asiento en la cuenta.

Chip de silicio

Índice

Iconografía

s = superior; c = centro; i = inferior; iz = izquierda; d = derecha.

Bridgeman Art Library: 1iz, 18ic, 19iiz
Museo Ruso, Leningrado, 21cd, 22sd
Giraudon Musée des Beaux Arts, Vincennes, 30iiz, 50cd
ET Archive: 26sd
Mary Evans Picture Library: 10c, 12ciz, 12sd, 14, 19cd, 19id, 20cd, 21cd, 23cd, 24cd, 25cd, 28id, 30id, 31cd, 36iiz, 39c, 40siz, 40cd, 41sc, 42ciz, 43sd, 43c, 45sd, 50id, 53cd, 54siz, 54iiz, 55ciz
Vivien Fifield: 32c, 48ciz, 48c, 48iiz
Michael Holford: 16ciz, 18ciz, 18siz
Hulton-Deutsch: 41sd
National Motor Museum Beaulieu: 49sd
Ann Ronan Picture Library: 17sd, 29id, 29ic, 35cd, 38siz, 44siz, 44sd, 45sd, 56id
Science Photo Library: 63c, 63iiz, 63ic
Syndication International: 12siz, 13c, 23siz, 26cd, 28sd, 34ciz, 35siz, 36sd, 46id, 50sd, 52s, 56sd, 68ic, 59id
Bayerische Staatsbibliotek, Munich, 24cd
City of Bristol Museum and Art Gallery, 53id
British Museum, 13sc, 24id, 59sd
Library of Congress, 37siz
Smithsonian Institution, Washington, DC, 58id
Con excepción de los objetos arriba citados, y los de las págs. 8-9 y 61, todas las fotografías de este libro son de ejemplares de las colecciones del Science Museum, de Londres.

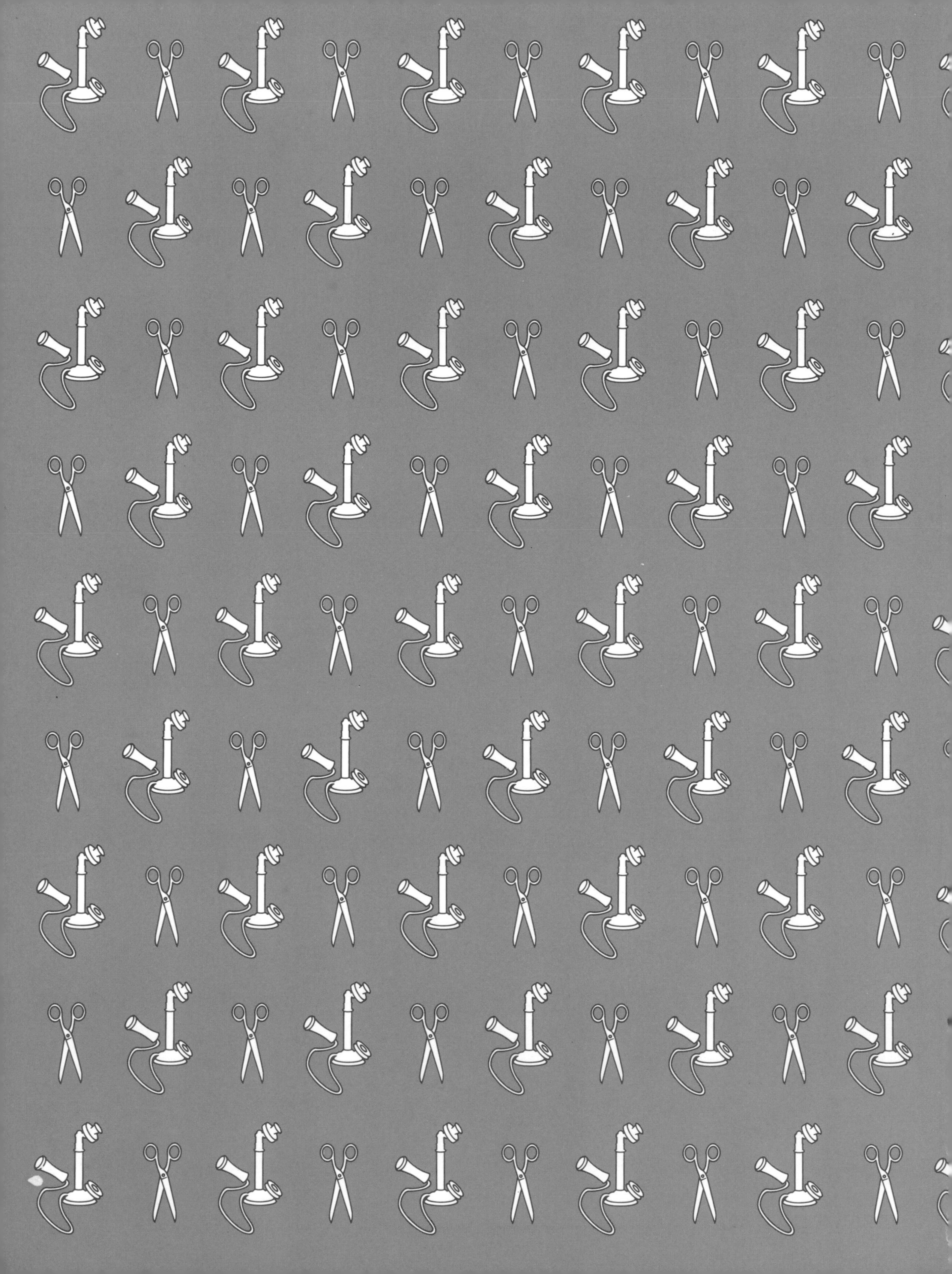